基于 CMIP6 气候模式黄河流域未来气象水文要素模拟研究

荐圣洪　张雪丽　张丽娟　朱天生　尹昌燕　牛怡雪　著

黄河水利出版社

·郑　州·

内 容 提 要

本书以黄河流域为研究区,以 CMIP6 气候模式数据为支撑,基于多指标评价和多插值方法比较,优选气候模式。对未来不同气候情景下的降水、温度和径流等气象水文要素的时空分布变化特征进行研究。

图书在版编目(CIP)数据

基于 CMIP6 气候模式黄河流域未来气象水文要素模拟研究/荐圣淇等著. —郑州:黄河水利出版社,2023.2

ISBN 978-7-5509-3519-8

Ⅰ.①基… Ⅱ.①荐… Ⅲ.①黄河流域-水文气象学-水文要素-水文模拟-研究 Ⅳ.①P339

中国国家版本馆 CIP 数据核字(2023)第 037821 号

组稿编辑:王志宽 电话:0371-66024331 E-mail:278773941@ qq. com

责任编辑	郭 琼	责任校对	兰文峡
封面设计	张心怡	责任监制	常红昕

出版发行 黄河水利出版社

地址:河南省郑州市顺河路 49 号 邮政编码:450003

网址:www. yrcp. com E-mail:hhslcbs@ 126. com

发行部电话:0371-66020550

承印单位 河南新华印刷集团有限公司

开 本 787 mm×1 092 mm 1/16

印 张 8.25

字 数 191 千字

版次印次 2023 年 2 月第 1 版 2023 年 2 月第 1 次印刷

定 价 65.00 元

前 言

　　河川径流是陆地水循环过程中的重要环节,也是地表水资源的重要来源。一般来说,气候是陆地水循环的主导因素,是维持地球系统能源和水量平衡的调节器。但随着全球气候变暖,气候变异性变得越来越极端,极端天气事件的频率和强度也在不断增大,部分大气环流因辐射强迫和不断演变的地表温度模式的响应变化已经能够主导某些地区的水循环变化过程。此外,人类活动通过取水、灌溉和土地利用变化对水循环的直接影响已经是区域水循环变化的重要组成部分,随着全球人口用水需求的增长,预计其重要性将进一步增大。受气候变化和人类活动的双重影响,水资源短缺风险和规模不断增大。尤其对于发展中国家,城市化快速发展将对水资源的供应和需求造成额外的压力,气候变化反过来又会改变水资源的形成和分配,区域水资源供求矛盾的加剧和水资源安全隐患的加大已严重影响到一个国家和地区的可持续发展。因此,了解陆地水循环变化的规律和机制,对于支撑经济社会可持续发展和人类生存具有重要意义。

　　黄河流域作为西北和华北典型生态屏障过渡带,具有水源涵养、气候调节、生物栖息等多种生态服务功能,是我国重要的"物种基因库"和"气候调节库"。而黄河流域大部分地区位于干旱半干旱区,降水量较少且蒸发量大,区域水资源短缺严重,生态系统的稳定性较低,被认为是我国对气候变化最敏感的地区之一。黄河流域温度升高、降水量下降等全球暖干化现象表现十分明显,加之近年来人类活动频繁,导致流域水文过程变化不断加速,生态环境变得十分脆弱。为解决黄河流域目前存在的问题,国家在 2019 年 9 月 18 日将黄河流域生态保护和高质量发展上升为重大国家战略,加强生态环境保护、推进水资源节约集约利用、推动黄河流域高质量发展等成为新时期治理黄河流域的主要目标。受人类活动和气候变化的影响,黄河流域径流量大幅减少,水沙关系不协调长期存在,植被覆盖度显著增加及土壤干层不断形成和增大等仍是实现黄河流域经济社会可持续发展和保障流域生态系统安全迫切需要解决的关键难题。

　　黄河是我国的母亲河,是我国北方重要的淡水资源,仅有全国 2%的水资源量却承载着全国约 1/10 的人口和耕地的用水需求,是我国水资源短缺非常严重的流域。在气候变化和人类活动的双重影响下,黄河流域径流量的大幅度减小直接冲击着流域内水安全的保障,进一步阻碍了流域生态系统与社会经济的健康发展。在这样的背景下,厘清黄河流域径流变化的规律和机制,有助于为流域水资源利用和可持续发展提供科学支撑。因此,通过分析复杂环境下黄河流域各地区径流的变化过程及其驱动因素,为流域水资源保护和管理提出有针对性的应对措施,助力解决推进新时期黄河流域生态保护和高质量发展的关键性难题,以实现复杂环境下黄河流域水资源系统和社会系统的可持续发展。

　　本书正是基于上述研究思路,汇集了作者近期的研究成果,以黄河流域为研究区,基于水文气象要素及植被覆盖度的演变特征分析,采用 Delta 降尺度的 CMIP6 全球气候模式和 Budyko 水热耦合平衡方程、经验正交函数(Empirical Orthogonal Function, EOF)和奇异值分解（Singular Value Decomposition，SVD）法定量研究气候变化与土地覆被对径流的影响程度。全书共 7 章。第 1 章为绪论；第 2 章为黄河流域概况；第 3 章为数据处理与研究方法；第 4 章为黄河流域气候变化研究；第 5 章为植被覆盖度时空变化及驱动因子研究；第 6 章为径流时空特征及其驱动因子研究；第 7 章为气候模式对黄河流域极端降水指数的模拟。

本书由郑州大学荐圣淇、张雪丽、尹昌燕、牛怡雪，河南省资源环境调查五院张丽娟，中国电建集团贵阳勘测设计研究院有限公司朱天生编写完成，具体分工如下：第 1 章由荐圣淇编写，第 2 章由牛怡雪编写，第 3 章由张丽娟编写，第 4 章和第 5 章由张雪丽编写，第 6 章由朱天生编写，第 7 章由尹昌燕编写。全书由荐圣淇统稿。

本书研究工作得到了河南省自然科学基金（212300410413）、河南省青年人才托举工程（2021HYTP030）的资助。在本书成稿过程中还得到了黄河实验室（郑州大学）和黄河水利出版社的大力支持，在此一并表示感谢！

由于作者水平有限，书中不足之处在所难免，恳请广大读者批评指正。

作者
2022 年 11 月

目 录

第 1 章　绪　论

　　气候模式是开展未来气候变化及其影响研究的重要工具。然而自 CMIP6 计划实施以来,基于最新气候模式的未来径流与旱涝变化预测研究还很有限。本书基于 CMIP6 GCMs 开展的未来气候变化预测及其影响研究,是对已有研究的很好补充,有助于推动气候变化及其影响研究的进展。预估流域未来水文过程的变化趋势,能够丰富和完善气候变化下流域径流与旱涝变化预测研究的方法、技术体系和内容,为后续相关研究提供借鉴和参考。

　　全球气候变暖加剧了全球水文循环,改变了水资源总量和分布,并可能导致洪涝、干旱等极端事件的频率、强度和空间范围等发生重大变化。黄河流域是我国重要的生态屏障,其水资源和水文循环的变化势必会对我国产生重大的社会和经济影响。另外,独特的自然地理环境和季风气候条件使得黄河流域长久以来深受旱涝灾害的威胁,严重影响着人类的生命财产安全。因而,在全球气候变暖背景下,预估黄河流域未来径流以及水文循环过程,可为黄河流域乃至整个国家应对气候变化、水资源战略规划和管理、防灾减灾策略制定等提供有力的科学支撑。

1.1　全球气候模式的发展及其对水文过程模拟评估

　　气候变化可能由自然原因,产生二氧化碳、甲烷等温室气体的人类活动以及土地利用变化引起。事实证明,近几十年来,全球气候快速变化的证据包括全球气温上升、冰雪融化、海平面上升、降水减小、更多极端天气事件等。为了更好地了解地球气候系统,并预测其未来的演变,需要提出和开发适当的新概念和相关方法。全球气候模型(Global Climate Model, GCM)是能够客观地模拟地球各系统间的相互作用和反馈情况,探索其对气候变化及其影响的有效工具,已成为气候科学的基础要素之一。20 世纪 70 年代,在世界气候研究计划的主持下首次组织了耦合模式比较计划。由于需要解决不断扩大的科学问题,CMIP 的组织结构不断进行修改,经历了 CMIP1~CMIP6 的更新阶段。尤其相对 CMIP3,CMIP5 中加入了超过 30 个模型,并且建立了代表性浓度路径(Representative Concentration Pathways, RCP)。尽管比 CMIP3 模型有所改进,但 CMIP5 模型在描述区域气候信息方面仍然显示出显著的偏差。经过长期和广泛的用户反馈,GCM 在数量、分辨率、精度等方面的改进更为成熟。目前,CMIP6 是 WCRP 提出的最新耦合模式比较计划,是 20 多年来参与模式最多、科学实验设计最完整、模拟数据最多的一次,采用了共享社会经济路径(Shared Socioeconomic Pathways, SSP)和 RCP 相结合的新框架。

　　许多研究表明,GCM 设计的大气物理框架对全球环流系统模拟能力较强,能够客观地对大尺度下典型的大气系统、海洋系统和大气-海洋系统的各种活动现象进行重新建模。目前,大多数 GCM 的水平分辨率约为几百千米,无法充分代表地形和陆海分布的区域特征并解决相关的区域过程,也不能提供无偏信息,它们的分辨率通常低于预期。因此,评估 GCM 的区域适用性对于进一步研究气候变化对区域水文循环的影响具有重要意义。由于各模型在模拟机制、初始条件设置、参数化方案设置、空间分辨率等方面的差异,GCM 在各个区域的模拟性能变化较大。如 Zhu 等评估了青藏高原 CMIP6 中的 23 个 GCM 的历史温度和降水模拟能力,大多数 GCM 能够真实模拟降水和地表温度的空间分布,但部分模型不能一致地模拟不同区域的不同变量。Khan 等使用贝叶斯模型对印度河流域 CMIP5 中 13 个 GCM 的适用性进行平均评估,结果也表明模拟温度和降水的最优模型并不一致,且不能很好地再现温度和降水过程。因此,粗分辨率下的 GCM 对局地气候变化模拟的不确定性较大,为了进一步更好地将 GCM 应用于区域尺度上,需要获得更高分辨率的气候信息。为此,许多降尺度方法被广泛应用于 GCM 中,且被证明能够有效提高区域气候变化的模拟效果。

常用的降尺度方法包括统计降尺度、动力降尺度等。基于数学物理机制的动力降尺度需要大量的计算资源,而统计降尺度则是一种更简单且计算成本更低的方法,常用于开发具有高空间分辨率的气候变化预测,但不适用于大尺度要素与区域要素相关不明显的地区。降尺度方法的提出在一定限度内减少 GCM 中的偏差,促进了用于当地/流域尺度的气候变化影响的评估研究。但不可避免的是,由于 GCM 本身的大气物理模型并不能模拟出复杂的大气环境,降尺度后的模拟与实测资料仍会存在一定的偏差。因此,除降尺度方法外,偏差校正也广泛地用于气候影响建模,其起源可以追溯到数值天气预报中的模型输出统计,它可作为统计降尺度方法的补充手段。由于其相对简单和较低的计算需求以及不断增长的全球和区域气候模型模拟数据库,偏差校正在气候影响研究中变得非常流行。输入数据的偏差校正已被证明可以增加模拟和观测水文数据之间的一致性。如使用偏差校正方法校正关于月最高气温、月最低气温、月降水量和生物气候指数的气候模型,其偏差减少至 50%~70%。另外,消除一些 GCM 也可能会缩小其余模型所代表的不确定性范围。目前,订正方法只订正 GCM 部分误差,缺乏对 GCM 的时间演变特征的误差修正。而 Ehret 等提出,改进未来全球和区域环流模型模拟最有希望的策略是将模型分辨率提高到允许对流的尺度,并结合基于复杂的集合扰动方法的集合预测。因此,提高气候模式的精度虽已取得了较多重要进展,但同时还存在很多问题和挑战。

虽然气候模式对全球气候变化的模拟能力有限,但已被广泛应用在相关领域的研究工作中。尤其在水文学科中,国内外许多研究已经基于气候模式研究全球水文循环对气候变化的敏感性。耦合气候模式模拟结果的 AR4 表明,全球平均地表温度的增加伴随着水文循环某些方面的持续变化;2013 年,Arnell 等研究表明,2/3 以上的气候模型预测了 47% 以上的地表年径流呈显著增加趋势,显著减少的地表年径流占比在 36% 以上,而仅有 17% 的地表年径流无明显变化,且模式在某些地区具有相当高的一致性;2016 年,Simon 等将 4 种 SRES 情景下的 21 个 GCM 应用于全球水文模型估计 1 339 个流域的水资源,超 20 个 GCM 表明,在 A1B 情景下,到 2050 年,气候变化将导致 0.5 亿~31 亿人面临水资源短缺的风险;Mishra 等研究了气候变化对尼泊尔地区巴格马蒂河流域洪水频率的影响,使用 GCM 对该流域的降水进行评估,结果表明,气候变化将导致季风月份出现更多极端降水事件,而其他月份降水减少,未来洪水事件将显著增加。因此,GCM 对水文循环的影响评估在国际上已得到广泛的认同和应用,且随着气候模式的发展,在水文领域中的贡献也将更加突出。而近年来,国内基于气候模式对水文过程的研究也逐渐增加,并取得了许多重要的成果。周文翀等评估了 43 个 CMIP5 的 GCM 对 1980—2005 年中国地区降水的模拟效果,结果表明,较多 GCM 可以还原中国降水由西北向东南递增的分布特征,但局部地区数值模拟有差异,如华南地区 GCM 降水预报比实测偏少,西部高原地区则相反;赵梦霞等研究表明,CMIP6 的 GCM 可以较好地反映出黄河上游地区降水的时空特性,并预测了该地区 21 世纪年降水处于明显上升趋势;向竣文等评估了 CMIP6 的 GCM 对 1979—2014 年中国主要地区极端气温、降水特征的模拟能力,研究表明,ssp126 情景下,2021—2100 年升温和极端降水增加趋势较为平缓,在 ssp245、ssp370、ssp585 情景下,温度和极端降水的增幅随着排放浓度的增大和时间的推移而增大。目前,虽然 GCM 还难以准确模拟区域的气候特征,对区域水文循环的评估仍具有一定的不确定性,但随着 GCM 架构的完善、更为有效的降尺度和误差校正方法的提出,基于 GCM 预测未来气候变化下区域水文过程变化的研究贡献将越来越突出。

1.2　黄河流域植被变化及其驱动因素研究

多年来,气候变化和人为因素的共同作用使黄河流域土地覆被不断发生变化,其中植被覆盖度的变化最为显著。在关于植被变化的研究中,归一化差异植被指数（Normalized Difference Vegetation Index, NDVI）常被用来描述和研究植被生长的动态变化过程,被认为是能够反映植物生长状态及空间分布密度的最佳指示因子。目前,关于黄河流域植被变化的研究,已有大量的文献采用 NDVI 作为评价指标对植被的生长、分布状况及其驱动因子进行了分析。唐宋时期,黄土高原地区草原带已经开始向南迁移,部分耐旱植物分布范围逐渐扩大,北宋以后,人为因素对植被生长、分布的影响程度逐渐增强。孙睿等利用 Pathfinder NOAA-NDVI 数据分析了 1982—1999 年黄河流域植被覆盖的变化,结果表明,流域植被覆盖度呈上升趋势,而青藏高原却有所下降。信忠保等进一步指出,黄土高原地区植被覆盖度在 1981—1989 年、1990—1998 年、1999—2001 年、2002—2006 年分别处于增加、稳定、下降、上升趋势,内蒙古、鄂尔多斯退耕还林还草生态恢复区等地区的植被覆盖度显著增加,而黄土丘陵沟壑区等山地森林区则显著降低。而在 2000 年以后,贺振等利用 SPOT-VGT 遥感数据分析了 1998—2011 年黄河流域植被的时空特征,结果表明,该时期流域 NDVI 基本不变、轻微改善以及退化的区域面积分别约为 71.13%、27.30%、0.98%,其中改善区主要分布于流域东南部的盆地、平原和西部的山地、丘陵地区。而袁丽华等却指出,2000—2010 年黄河流域植被改善区、退化区、稳定区分别占覆盖区面积的 62.9%、27.7%、9.4%,持续改善区、稳定区、退化区分别占 53.7%、7.8%、24.5%。上述研究主要是针对黄河流域 20 年以内的植被时空演变进行研究,为了更好地评价植被的长期演变趋势,很多学者也都给出了自己的看法。张静等研究表明,1982—2015 年黄河流域生长季、春季、夏季和秋季 NDVI 均显著增加,黄河中下游、流域西南部植被覆盖度分别为明显改善区、退化区,耕地和林地的增长速度大于其他土地覆盖类型。为了考虑到黄河流域气候分区内植被状态的差异,陈晨等基于 GIMMS3g NDVI 数据分析 1982—2015 年黄河流域不同气候区生长季植被的变化过程,表明各气候区(尤其是半干旱区)的多数地区植被覆盖度明显提高,而半湿润区西南部及南部则呈不显著降低趋势。而最近的一些研究则集中在 2000 年以后,重点分析并预测了近 20 年生态恢复措施对流域植被恢复的影响程度。孙高鹏等基于集合经验模态分解、随机森林回归等方法研究表明,2001—2020 年陕北黄土高原等退耕还林(还草)生态恢复区的植被覆盖处于增加趋势,而在黄淮海平原、青藏高原等区域则明显减小。付含培等采用空间转移矩阵、地理探测器模型等方法研究表明,1999—2018 年黄河流域 NDVI 以极显著缓慢增长为主,但可持续性不强,稳定区、持续增加区分别占 31.6%、65.99%。综上所述,由于气候变化和人类活动的影响,黄河流域 50% 以上地区的植被覆盖度显著增加,而流域西南部地区植被覆盖度呈现退化趋势。为了对黄河流域植被覆盖度变化规律进行深入的研究,对不同区域植被覆盖度驱动因子进行识别具有重要意义。

自 2000 年以来,气候变化和人类活动对植被的影响不断增强,黄河流域植被覆盖度驱动因子研究备受关注。目前,该方面的研究已取得一定进展。最初,有学者提出,降水量大小是影响黄河流域植被覆盖度的重要因子。2007 年,信忠保等就已经指出,黄土高原地区的植被生长主要受降水量影响,且当月降水量低于 40~60 mm 时,NDVI 与降水具有线性关系。孙睿等研究发现,黄河流域地区(尤其是草原地带)年植被覆盖度的变化主要受汛期降水影响,而森林植被等其他地区的年降水作用较低。随着研究的不断深入,气温也被认为是影响植被变化的主要气候因子之一。郭帅等研究发现,1982—2015 年黄河流域 NDVI 与年平均气温、年降水量呈显著正相关的面积分别占 22.39%、21.99%,且集中分布在中北部区域。刘绿柳等进一步从月尺度上分析 NDVI 与降水、温度的关系,结果表明,7 月 NDVI 均与同期降水、温度显著相关,4 月 NDVI 与同期温度以正相关为主,而10 月则相反;NDVI 与年均温度相关并不显著,但与春、夏、秋季的平均温度以正相关为主。张乐艺等认为 NDVI 与降水的偏相关强度稍大于气温,但张静等研究发现,黄河流域 NDVI 与气温的相关性比降水更强,且其相关性均随着时段延长而增强。李晴晴等也进一步指出,黄河流域植被覆盖度在时间序列上与气温显著正相关,且具有滞后响应关系。具体而言,黄河流域 77.0% 地区的植被覆盖变化滞后气温 7 个月,且与气温呈负相关关系。而解晗等认为,黄河流域地区(尤其是草地生长区)的生长季植被指数变化与气温和降水主要呈正相关,且滞后时间分别为 1 个月、3 个月。除降水、温度外,近年来,日照时数、土壤类型、人类活动等其他因素也被证明对植被变化的影响趋于明显。刘海等研究发现,1982—2019 年黄河流域植被变化受气候因素和人类活动综合影响,其对 NDVI 的贡献率分别为 82.74% 和 17.62%,且人为因素的影响逐渐增大。陈晨等研究表明,不同气候区 NDVI 同时受降水、气温和日照时数显著影响,且日照时数作用最大;此外,人为因素对NDVI 的正面效应多于负面。而付含培等指出,黄河流域的 NDVI 空间差异同时受年平均降水量、湿润指数、干燥度、土壤类型影响,其因子解释力均超过 30%。裴志林等研究发现,降水量是黄河上游植被覆盖度空间分布的重要因子,而人为因素作用最小,但其时空特性则要综合考虑各种因素的共同作用进行解释最为合理。

综上所述,黄河流域植被覆盖度对气候变化及人类活动的响应研究已有较多研究,主要针对 20 世纪 80 年代后植被的变化规律研究,而 80 年代以前受人为影响相对较小,植被与气候变化的关联性较强。此外,基于多个时间尺度的相关性分析表明,随着时间尺度的增加,植被对气候变化的响应更加突出。因此,较长的时间尺度更能有效地识别出流域植被长期变化的气候驱动因子。然而,目前关于这方面的研究还较少。

1.3 黄河流域径流的归因分析研究

径流的时空变化是水循环过程的重要组成部分。由于气候、植被、地貌以及人类活动等因素对径流的影响较大,使其演变过程呈现出固有确定性与强烈随机性的复杂耦合过程,进而形成多要素、多维且互相影响的耦合系统。因此,为了更好地理解复杂的水文过程,探究气候变化和人类活动下径流的时空特性,怎样更好地区分并量化综合环境条件下决定径流特性的各种因素?这些问题已经成为流域水资源合理利用与生态保护亟待探索的重要课题之一。

黄河流域是中国最大的缺水地区之一,其水量的变动关系到整个流域的供水安全,对流域的可持续发展有着重要意义。多年来,由于气候变化和水利工程、退林耕地等人为因素的影响,黄河流域径流量不断下降,为了探究径流变化过程和理解其变化机制,许多研究学者都提出了自己的结论。李栋梁等对 1956—1994 年黄河上游唐乃亥水文站径流进行分析,研究表明,夏秋径流与同期降水具有较好的正相关。张国胜等研究也认为,汛期降水量减少是导致黄河上游径流减少最直接的气候因素。而刘昌明等进一步指出,气候、人类活动对黄河上游径流持续减少的贡献率分别占 75%、25%,中游人为因素影响最大,对径流持续减少的贡献率占 57%。但饶素秋等则研究表明,20 世纪 80 年代以后暴雨过程和强度减小是黄河中游水沙量减少的重要原因。另外,部分研究还比较了降雨与温度对径流的影响程度。如王国庆等利用黄河月水文模型分析中上游径流对气候变化的响应。结果表明,与气温相比,降水与径流的响应关系更为显著,具体而言,中上游地区的降水每增加 10% 导致径流增加约 17%,且中游地区对气候变化的敏感性大于上游。张建云等研究也发现,黄河中游地区气温升高 1 ℃,年径流减少 3.7%~6.6%;若降水减少 10%,径流将减少 17%~22%。同时,张国宏等也指出,黄河源区以外的流域内降水与径流的相关性更为显著,而在黄河源区则相反。而近年有许多研究认为,人类活动也是影响径流变化的主要因素。如王雁等研究认为,降水减少和下垫面变化对黄河流域径流减少的贡献率分别为 11% 和 83%,下垫面变化占主导作用。杨大文等也基于 Budyko 假设辨析黄土高原地区径流变化因子,结果也表明,下垫面变化是径流减少的主要因素。张越等研究发现,黄河源区径流不仅与当年降水有关,还受前一年降水丰枯的影响,下垫面条件对降水偏枯或平水年份的径流影响明显。潘彬等研究表明,突变前的径流与降水正向同步,而人类活动是影响突变后径流的主要因素,且其对径流影响的贡献占比分别为 32% 和 68%。周祖昊等基于黄河二元水循环模型评价不同时期黄河流域天然河川径流变化,结果发现,气候变化是兰州以上区域径流变化的关键因素,而人类活动是兰州以下各地区径流变化的主要原因。

综上所述,较多文献分析了不同时空尺度气象要素和人类活动对黄河流域典型地区径流量的影响,有效识别出了复杂环境中的径流变化过程及其驱动因子。但是,大多数采用的是 2010 年以前的水文资料,且对整个黄河流域关注得较少,这也反映了未来径流变化预测的不足,然而这对于未来水资源管理和保护具有重要意义。此外,许多研究分析了下垫面变化对径流的影响,但是,1999 年以来流域径流下降与植被覆盖度增加之间是否存在明确关系,至今尚未得到有效的识别。其主要原因在于下垫面要素存在较大的复杂性和空间异质性,不能很好地反映出植被与径流间的关系。因此,研究不同时期植被与径流的对应关系十分必要。

1.4　基于 Budyko 假设的水量平衡方法发展研究

以 Budyko 水热耦合平衡理论为基础的水量平衡方法,一般用于识别历史基准期气候变化和人类活动对径流变化的贡献率。关于水热平衡的研究可以追溯到 20 世纪 50 年代。如 1956 年刘振兴关于陆面蒸发的讨论和计算,以及 20 世纪七八十年代崔启武等、傅抱璞对水热平衡公式的推算和赵人俊的河海大学新安江模型的建立。值得提出的是,傅抱璞公式和新安江模型在国际上的知名度非常高,其中傅抱璞公式是从蒸发机制出发,通过量纲分析和微分数学的方法推导得出的。这使得 Budyko 框架从真正意义上有了数学物理意义,是陆面蒸发理论的重要突破。2005 年以来,杨大文领衔的团队在 Budyko 理论和应用上取得了重要进展,同时徐宪立研究团队在 Budyko 框架参数估算及基于 Budyko 框架的新型干湿度模型构建方面也取得了重要进展。

Budyko 假设以水量平衡为基础,在减少不确定性方面具有优势。在年以上尺度下,利用 Budyko 假定进行径流归因分析,其可靠性较高。如郭生练等利用乌江、汉江流域多年的实测数据,对基于 Budyko 公式计算的年径流量变化进行了分析和验证。同时,孙福宝等也通过对黄河流域内 63 个子流域的年降水、径流深和蒸发能力的分析,验证了基于 Budyko 假设的流域水热耦合平衡关系的可靠性。另外,姚允龙等也利用两参数敏感性分析方法研究气候变化对河流径流量的影响,研究表明,其效果要好于常规的降雨-径流经验模式。因此,基于 Budyko 假设的水量平衡方法常被广泛应用于径流变化的分析过程。如郭生练等选用 BCC-CSM1-1 的 RCP4.5 排放情景,耦合未来气候模式与 LS-SVM 统计降尺度方法,利用 Budyko 方程对长江流域未来径流量进行了预测,结果表明,长江各子流域未来径流相对变化增减不一,最大变幅 10% 左右。张丽梅等基于 Budyko 方程估算渭河流域的径流变化对各驱动因素的弹性系数,对人类活动与气候变化对径流的贡献进行量化评估。李斌等利用 6 个 Budyko 公式,对洮儿河流域中上游降水、潜在蒸散发、径流特征及突变点进行了分析,并评估气候变化对年径流的影响。同时,张成凤等也根据 Budyko 假定,对黄河源头区的径流进行了分析,结果表明,冰川退缩、冻土层下移等环境因子是导致黄河源头区径流下降的重要原因。张建云等基于 Budyko-Fu 公式构建黄淮海流域水热耦合模型,分析模拟径流对 Budyko-Fu 模型参数 ω 的敏感性,利用弹性系数法,识别参数 ω 对 NDVI 变化的响应,利用复合函数链式求导法则研究 NDVI 变化对黄淮海流域径流的影响。因此,基于 Budyko 假设的水量平衡方法在很多流域都有应用价值,且其计算结果较其他模型更具可信度,对未来的径流预测分析也将起到更大的作用。

1.5 有待进一步研究的问题

综上所述,气候变化和人类活动对植被与水文过程影响的研究已取得了许多有价值的成果,但由于其本身的复杂性,涉及生态学、水文学、环境科学、遥感、地理信息工程等多学科理论。基于国内外研究分析,目前研究还存在以下 3 个方面的不足:

(1)气候模式是揭示全球历史气候特征和预测未来气候变化的重要依据,CMIP6 气候模式相对于 CMIP5 气候模式来说,其在数量、分辨率、精度等方面的改进更为成熟,且降尺度后气候模式对于流域尺度气候特征的表达具有更大的应用价值。但国内基于 CMIP6 在流域尺度上预测未来气候变化下水循环过程的应用研究仍较少,尤其是对气候变化较为敏感的黄河流域,揭示其气候变化机制具有重要意义。因此,有必要开展降尺度气候模式对黄河流域气候特征的模拟研究,提高模式模拟精度,并对黄河流域历史和未来气候变化过程进行合理解释。

(2)虽然已有大量研究分析黄河流域植被覆盖度变化的时空特征及其驱动因素的影响,但多集中于 20 世纪 80 年代后,该时期人类活动较为频繁。在气候变化与人类活动的双重作用下,难以明确气象因素对区域流域植被覆盖度的影响。而且,在未来气候变化下,黄河流域植被覆盖度趋势及驱动因素如何变化仍有待进一步探讨。因此,有必要借助降尺度气候模型研究历史和未来时期植被覆盖度的动态变化过程及对其驱动因子的关系识别。

(3)以往关于黄河中游等典型区域的径流演变及驱动因素的研究很多,但大多采用 2010 年以前的站点水文资料,而且对黄河流域的研究相对较少。未来气候变化与人类活动共同作用下,特别是植被覆盖度的变化情景下,黄河流域河川径流量是否出现了新的变化特征,在空间分布上从上游到下游径流驱动有何异同,有待深入研究。此外,已有大量研究基于 Budyko 水热耦合方程研究历史时期径流变化的归因分析。考虑到 Budyko 模型参数需求较少,且能够降低不确定性因素。因此,将 CMIP6 未来气候模式与 Budyko 模式相结合,以此构建的 Budyko 模式是否适合未来径流量的归因分析,仍有待进一步探讨。

第 2 章　黄河流域概况

2.1　地理概况

黄河流域位于 95°53′ E~119°05′ E 和 32°10′ N~41°50′ N（见图 2-1），发源于青藏高原巴颜喀拉山北麓，由西至东穿越青藏高原、内蒙古高原、黄土高原和黄淮海平原四大地貌单元，其中流经 9 个省（自治区）：青海省、四川省、甘肃省、宁夏回族自治区、内蒙古自治区、陕西省、山西省、河南省和山东省，最后汇入渤海。黄河干流全长 5 464 km，是我国的第二长河，仅次于长江，其流域面积为 79.5×10⁴ km²，主要有湟水河、大通河、内流区、窟野河、汾河、无定河、北洛河、伊洛河、渭河干流、泾河等二级子流域，其中内流区的面积为 4.2×10⁴ km²。头道拐、花园口水文站将黄河流域分为上游、中游、下游。黄河上游是指从源头至头道拐水文站这一区域，位于黄土高原、内蒙古高原和青藏高原的交接地带，面积约为 42.8×10⁴ km²。其中唐乃亥水文站以上地区为黄河源区，分布在青藏高原东部地区，位于 95°00′ E~103°30′ E 和 32°19′ N~36°08′ N，总流域面积约为 13.2×10⁴ km²。黄河中游系指从头道拐水文站至花园口水文站这一区域，位于 32° N~42° N 和 104° E~113° E，区域以黄土高原为主，该河段全长约 1 234.6 km，其流域面积约为 34.4×10⁴ km²。花园口水文站以下属于黄河下游地区，主要分布在华北平原地区，流域面积约为 2.3×10⁴ km²。

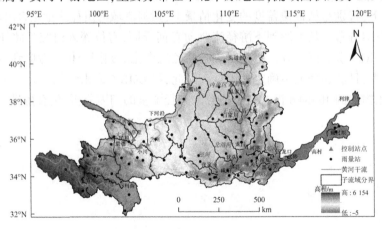

图 2-1　黄河流域位置

本书以黄河干流主要水文站作为控制站点，将黄河流域划分为 28 个二级子流域。控制站点主要包括了吉迈、唐乃亥、下河沿、头道拐、龙门、三门峡、小浪底、花园口、黑石关、高村等 28 个水文站，划分的子流域主要包括渭河、泾河、北洛河、伊洛河等，以便后续各子流域径流变化的归因分析研究。

2.2　地形地貌

黄河流域横跨青藏高原、内蒙古高原、黄土高原和黄淮海平原 4 个地貌单元,从源头至入海口,海拔由 5 000 m 降至 100 m,其整体的地势呈现西高东低的地形特征,高低落差大,具有层次分明的阶梯级分区。第一级阶梯位于流域西部的青藏高原的东北地带,主要以西北—东南走向的山脉为主,分布有巴颜喀拉山、积石山、祁连山脉等,海拔在 4 000~5 000 m,地形起伏且坡度陡峭,沟谷幽深,冰川地貌发育。第二级阶梯以太行山为东界与海河流域接壤,主要分布于黄土高原、宁蒙河套平原、鄂尔多斯高原等地区,海拔在 1 000~2 000 m,地势较为平缓,其北部高原沙地分布较多,风沙地貌发育,土壤风蚀严重。其南部地区以黄土高原为主,沟壑区发育,土壤疏松,植被相对稀疏,土壤侵蚀十分严重,是流域泥沙的主要来源地。第三阶梯由鲁中丘陵、河口三角洲和下游冲积平原组成,地势相对平坦,海拔在 1 000 m 以下,下游河段长期淤积,形成地势相对较高的"地上悬河"。

2.3　气候特征

黄河流域地域辽阔,西部山区地形复杂,中部高原地区南北开阔,下游平原区地势平缓,从发源地至入海口,地形地貌变化较大,长期受到大气季风影响,区域气候具有显著的差异。由于海陆热力差异及地理位置的影响,黄河流域呈现出明显的季风性特征,属于大陆性季风气候。其气候有以下主要特征:

(1)降水季节、年际分布不均,地区差异明显。受大陆性季风气候的影响,黄河流域年降水量分配不均,年际变率和季节变率均较大,主要表现为春冬季少雨、夏秋季多雨的季节特征,具体而言,黄河中下游地区的雨季一般集中分布在 7—8 月,其降水量占全年的40% 以上。此外,黄河流域各地区年降水量的最值比在 1.7~7.5,变差系数 C_v 为 0.15~0.4,流域降水量年际变化很大。根据年降水量划分地理带的标准,黄河流域可以划分为干旱区(200 mm 以下)、半干旱区(200~400 mm)、半湿润区(400~800 mm)和湿润区(800 mm 以上)这 4 种气候类型。黄河流域大部分地区位于半干旱区、半湿润区,其年降水量为 200~650 mm;西北宁夏、内蒙古部分地区降水量最低,以干旱区为主;而中上游以南和下游地区年降水量大于 650 mm,属于半湿润区和湿润区;而南界秦岭山脉北坡地带,因地势和季风的作用,其年降水范围在 700~1 000 mm,属于流域最潮湿的地区。因此,黄河流域地区降水分布不均,主要表现为由东南向西北递减的趋势,导致西北地区持续干旱化趋势明显以及加速流域东南地区暴雨洪涝事件的频发。

(2)地区气温日较差、季较差、年较差较大。黄河流域年平均温度约为 4 ℃,多年来,温度主要呈上升趋势,高于全国平均升温水平。由于地势落差大和纬度差异的影响,流域温度自西向东由冷变暖,其温度梯度明显大于南北向。上游久治县以上河源地区全年气温偏低,久治—兰州区间及渭河中上游地区冬季较长,夏季不明显,兰州—龙门区间表现为冬长夏短;流域其余地区为冬季寒冷,夏季较热,四季分明。由于黄河流域各地冬夏辐射量的差异,区域间温度差异较大,其分布趋势为 37°N 以北地区的温度变化范围在

31~37 ℃,而南部地区则为 21~31 ℃,而且有明显的温差梯度。此外,由于下垫面条件的不同,黄河流域的气温日较差也比较大,尤其中上游的高纬度地区,全年各季气温的日较差为 13~16.5 ℃,属于我国的高值区或次高值区。

(3)蒸散量大,空气湿度小。由于全球气候变暖、干化,加上黄河流域光照充足,太阳辐射强度高,流域蒸发能力较大,年蒸发量可达 1 100 mm。年蒸发量最高的地区位于内蒙古自治区的中西部、宁夏回族自治区及上游甘肃地区,最大年蒸发量最多可达 2 500 mm。此外,黄河流域大部分地区位于干旱半干旱地区,土壤水分含量偏低,大气环境相对干燥。在全国范围内,流域中上游地区的湿度偏小,如吴堡以上地区的平均水汽压小于 8 hPa,其相对湿度低于 60%,兰州—石嘴山区间则低于 50%。而在宁夏回族自治区、内蒙古自治区和龙羊峡以上地区,年平均水汽压力低于 6 hPa。

第 3 章　数据处理与研究方法

3.1　数据来源

3.1.1　水文数据

本书采用的水文数据包含:①黄河流域 1991—2014 年 93 个水文站实测数据,数据来源于国家气象科学数据中心 (http://data.cma.cn/),包括日降水量、日平均温度数据集,部分缺测资料通过水文比拟法和线性内插法进行合理插值;②1990—2020 年中国 1 km 逐月潜在蒸散发数据集,该数据集基于中国 1 km 逐月均温、最低温、最高温数据集,采用 Hargreaves 潜在蒸散发计算式计算得到;③中国 0.083 33°分辨率逐月径流数据集 (1960—2012 年),数据来源于国家地球系统科学数据中心 (http://www.geodata.cn/)。该水文数据集以陆面基础信息数据及历史气象数据为驱动,通过 TRIPLEX-GHG 模型模拟获取,其结果在相关的学术或学位论文中已经过验证。

3.1.2　CMIP6 气候模式数据

本书 CMIP6 气候模式数据来源于地球系统网格联盟 (ESGF) (https://esgf-node.llnl.gov/projects/cmip6/),包括 4 个未来时期 (2021—2040 年、2041—2060 年、2061—2080 年、2081—2100 年)的 2 种不同共享社会经济路径 (Shared Socioeconomic Pathways, SSP),即低排放情景下的 ssp1-2.6 (简称 ssp126)和高排放情景下的 ssp5-8.5 (简称 ssp585)。与 CMIP5 相比,CMIP6 更能反映社会经济发展与气候变化之间的关联。CMIP6 数据包含以下数据集:①39 种气候模式的月平均温度(tas)、月降水量 (pr)的模拟数据集 (见表 3-1);②7 种气候模式的月植被覆盖度 (verFrac)模拟数据集 (见表 3-2);③7 种气候模式的潜在蒸散发 (evspsblpot)模拟数据集 (见表 3-3);④26 种气候模式的月径流量 (mrro)模拟数据集(见表 3-4)。

表 3-1　月平均温度和月降水量 CMIP6 气候模式介绍

序号	气候模式	分辨率	发布国家
1	ACCESS-CM2	1.9°×1.3°	澳大利亚
2	ACCESS-ESM1-5	1.9°×1.3°	澳大利亚
3	AWI-CM-1-1-MR	0.9°×0.9°	德国
4	AWI-ESM-1-1-LR	1.9°×1.9°	德国
5	BCC-CSM2-MR	1.125°×1.125°	中国

续表 3-1

序号	气候模式	分辨率	发布国家
6	BCC-ESM1	2.8°×2.8°	中国
7	CAMS-CSM1-0	1.112° × 1.125°	中国
8	CanESM5	2.812 5°× 2.812 5°	加拿大
9	CAS-ESM2-0	1.406 25° × 1.406 25°	中国
10	CESM2	1.25°× 0.937 5°	美国
11	CESM2-FV2	2.5°× 1.875°	美国
12	CESM2-WACCM	1.25°× 0.937 5°	美国
13	CMCC-CM2-HR4	1.25°× 0.937 5°	意大利
14	CMCC-ESM2	1.25°× 0.937 5°	意大利
15	CNRM-CM6-1	1.406 3°× 1.406 3°	法国
16	CNRM-ESM2-1	1.406 3°× 1.406 3°	法国
17	E3SM-1-0	1° × 1°	美国
18	EC-Earth3	0.7°×0.7°	英国
19	EC-Earth3-Veg	0.703°× 0.703°	瑞典
20	FGOALS-f3-L	1° × 1.25°	中国
21	FIO-ESM-2-0	0.942 4° × 1.25°	中国
22	GFDL-ESM4	1°×1.25°	美国
23	GISS-E2-1-G	1°×1.25°	美国
24	HadGEM3-GC31-LL	1.875°× 2.5°	英国
25	HadGEM3-GC31-MM	0.833° × 0.833°	英国
26	INM-CM5-0	2°× 1.5°	俄罗斯
27	IPSL-CM6A-LR	1.267 6°×2.5°	法国
28	KACE-1-0-G	1.25°×1.875°	韩国
29	MIROC6	1.389°×1.406°	日本
30	MIROC-ES2L	2.812 5°× 2.812 5°	日本
31	MPI-ESM-1-2-HAM	1.865°×1.875°	德国
32	MPI-ESM1-2-HR	0.937 5°× 0.937 5°	德国
33	MPI-ESM1-2-LR	1.875°× 1.875°	德国
34	MRI-ESM2-0	1.124°×1.125°	日本
35	NESM3	1.865°×1.875°	中国
36	NorCPM1	2.5°× 1.875°	挪威
37	NorESM2-LM	2.5°× 1.875°	挪威
38	TaiESM1	1.25°× 0.937 5°	中国
39	UKESM1-0-LL	1.875°× 1.25°	英国

表 3-2　月植被覆盖度 CMIP6 气候模式介绍

序号	气候模式	分辨率	发布国家
1	ACCESS-CM2	1.9°×1.3°	澳大利亚
2	ACCESS-ESM1-5	1.9°×1.3°	澳大利亚
3	CanESM5	2.812 5°×2.812 5°	加拿大
4	EC-Earth3-Veg	0.703°×0.703°	瑞典
5	GFDL-ESM4	1°×1.25°	美国
6	EC-Earth3-Veg-LR	0.703°×0.703°	瑞典
7	MPI-ESM1-2-LR	1.875°×1.875°	德国

表 3-3　潜在蒸散发 CMIP6 气候模式介绍

序号	气候模式	分辨率	发布国家
1	CNRM-CM6-1-HR	0.5°×0.5°	法国
2	CNRM-CM6-1	1.406 3°×1.406 3°	法国
3	CNRM-ESM2-1	1.406 3°×1.406 3°	法国
4	EC-Earth3-Veg-LR	0.703°×0.703°	瑞典
5	HadGEM3-GC31-LL	1.875°×2.5°	英国
6	IPSL-CM6A-LR	1.267 6°×2.5°	法国
7	UKESM1-0-LL	1.875°×1.25°	英国

表 3-4　月径流量 CMIP6 气候模式介绍

序号	气候模式	分辨率	发布国家
1	ACCESS-CM2	1.9°×1.3°	澳大利亚
2	ACCESS-ESM1-5	1.9°×1.3°	澳大利亚
3	AWI-ESM-1-1-LR	1.9°×1.9°	德国
4	BCC-CSM2-MR	1.125°×1.125°	中国
5	CanESM5	2.812 5°×2.812 5°	加拿大
6	CESM2	1.25°×0.937 5°	美国
7	CESM2-FV2	2.5°×1.875°	美国
8	CESM2-WACCM	1.25°×0.937 5°	美国
9	CMCC-CM2-HR4	1.25°×0.937 5°	意大利
10	CMCC-ESM2	1.25°×0.937 5°	意大利
11	E3SM-1-0	1°×1°	美国

续表 3-4

序号	气候模式	分辨率	发布国家
12	EC-Earth3	0.7°×0.7°	英国
13	EC-Earth3-Veg	0.703°× 0.703°	瑞典
14	FGOALS-f3-L	1°× 1.25°	中国
15	FIO-ESM-2-0	0.942 4°× 1.25°	中国
16	GFDL-ESM4	1°×1.25°	美国
17	GISS-E2-1-G	1°×1.25°	美国
18	IPSL-CM6A-LR	1.267 6°×2.5°	法国
19	KACE-1-0-G	1.25°×1.875°	韩国
20	MIROC6	1.389°×1.406°	日本
21	MPI-ESM-1-2-HAM	1.865°×1.875°	德国
22	MPI-ESM1-2-HR	0.937 5°× 0.937 5°	德国
23	MPI-ESM1-2-LR	1.875°× 1.875°	德国
24	MRI-ESM2-0	1.124°×1.125°	日本
25	NorESM2-LM	2.5°× 1.875°	挪威
26	TaiESM1	1.25°× 0.937 5°	中国

3.1.3　生物气候变量

本书物种分布模型所用的 19 种生物气候变量均来自世界气候数据库（http://www.worldclim.org），时间段为 1970—2000 年，空间分辨率为 30″（约 1 km）（见表 3-5）。生物气候变量由每月温度和降水量统计而来，具有更深层次的生态学意义，常被用于物种分布建模和相关的生态建模技术。其中，年尺度变量（年平均温度、年降水量）表示了温度和降水的年度平均趋势，季节性、月极端降水和温度（如最冷月最低温度、最暖季节最高温等）则表示了极端的环境因素。但为避免过拟合，利用 Pearson 对不同乔木分布点的 23 个变量数据进行相关性分析，去除相关系数大于 0.80 的变量，优先选取与其他变量相关较少的气候变量。

表 3-5　相关环境变量名称及描述

变量简称	变量描述	单位
bio_1	年平均温度	℃
bio_2	日平均温度范围[每月平均值（最高温度–最低温度）]	℃
bio_3	等温性（bio_2/bio_7×100）	—
bio_4	温度季节性（标准差×100）	—

续表 3-5

变量简称	变量描述	单位
bio_5	最暖月最高温度	℃
bio_6	最冷月最低温度	℃
bio_7	年温度范围（bio_5 − bio_6）	℃
bio_8	最湿季节平均温度	℃
bio_9	最干季度平均温度	℃
bio_10	最暖季度平均温度	℃
bio_11	最冷季度平均温度	℃
bio_12	平均年降水量	mm
bio_13	最湿月降水量	mm
bio_14	最干月降水量	mm
bio_15	降水季节（变异系数）	—
bio_16	最湿季度降水量	mm
bio_17	最干季度降水量	mm
bio_18	最暖季度降水量	mm
bio_19	最冷季节降水量	mm
S-Type	土壤类型	—
Slp	坡度	°
Asp	坡向	—
Alt	海拔	m

3.1.4　其他数据

海拔（Altitude）、坡度（Slope）、坡向（Aspect）3 个地形变量通过地理空间数据云（http://www. gscloud. cn/）下载 DEM 提取（见表 3-5）；土壤变量（http://www. resdc. cn/）为利用全国土壤普查办公室 1995 年编制并出版的《1∶100 万中华人民共和国土壤图》数字化生成的栅格数据。

3.1.5　乔木样本点

各类乔木分布数据主要来源于全球生物多样性信息网络（GBIF；https://www. gbif. org/）、国家标本资源共享平台（http://www. nsii. org. cn）、中国植物图像库（http://www. plantphoto. cn）等物种分布数据库，鉴别和剔除无效、重复记录点，为了避免可能影响模型输出的采样偏差，通过空间过滤方法稀释采样点。

3.1.6　NDVI 数据

本书所用的 NDVI 数据是 GIMMS NDVI 3g（8 km）数据集，时间段为 1982—2015 年，其来源于美国航空航天局全球监测与模型研究组。为了进一步减少大气、云和太阳高度角变化等因素的影响，采用最大值合成法（Maximum Value Composite，MVC）得到月 NDVI 栅格数据集，并基于像元二分模型，使用 Python 计算获取研究区 1982—2015 年的月植被覆盖度。

3.2　研究方法

本书研究主要采用数学统计与模型模拟相结合的方法进行，在研究的过程中具体运用了以下几种方法。

3.2.1　气候模式优选

在评估模式模拟能力过程中，首先比较了地表气温和降水、潜在蒸散发等要素在气候平均态上的空间分布，之后对各个模式气象要素在所选时段内的年平均变化进行了分析，具体如下。

3.2.1.1　平均绝对误差（Mean Absolute Error，MAE）

平均绝对误差是所有单个预测值和观测值之间绝对误差之和的平均值。平均绝对误差比平均误差更优，能有效地防止误差互相抵消，从而能正确地反映出预测整体偏差的程度。其计算公式如下：

$$\text{MAE} = \frac{1}{n} \sum_{i=1}^{n} |P_i - O_i| \tag{3-1}$$

3.2.1.2　时间技巧评分（Time Skills Score，TS）

时间技巧评分可以用来定量评价各个气候模式对时间变率的模拟效果，该指标主要衡量研究区每个像元上模拟与观测时间序列的年际变率的差值，以标准差的比值来衡量。其计算公式如下：

$$\text{TS} = \left(\frac{\text{STD}_m}{\text{STD}_o} - \frac{\text{STD}_o}{\text{STD}_m} \right)^2 \tag{3-2}$$

式中：STD_m、STD_o 分别为模拟场、观测场中各个像元点上时间序列的标准差；按照评价标准，TS 值愈接近 0，则观察场与模拟场的标准差的差值越小，表示气候模式的模拟能力越好；反之，则气候模式的模拟性能越差。

3.2.1.3　基于泰勒图的评价方法

2001 年，Karl E. Taylor 首先提出了泰勒图这一概念，其本质是综合模型与实测序列的相关系数、标准差和中心均方根误差这 3 项指标，并以极坐标的方式绘制成散点图，用以直观地判断气候模式的模拟效果。为了量化泰勒图的评价结果，引入指标 S 将模拟场与观测场的标准差和相关系数进一步对气候模式的模拟能力进行定量评估。其计算公式如下：

$$S = \frac{4(1+R)^4}{(\sigma_f + 1/\sigma_f)^2 (1+R_0)^4} \tag{3-3}$$

式中:R 为各个气候模式与观测资料的相关系数;R_0 为所有评价对象的相关系数中的最大值;$\sigma_f = STD_m/STD_o$,STD_m、STD_o 分别为模拟场、观测场的标准差。

由此可知,模拟结果与观测资料的数据越一致,S 越趋近于 1,其气候模式的模拟效果也越佳。

3.2.1.4　**空间技巧评分**（Spatial Skills Score, SS）

空间技巧评分是用来衡量各个气候模式对同时期内评价变量的空间分布特征的模拟能力,综合考虑了模拟场与观测场之间的空间平均偏差和相关系数。其计算公式如下:

$$SS = 1 - \frac{MSE(m,o)}{MSE(\bar{o},o)} = r_{m,n}^2 - [r_{m,o} - (s_m/s_o)]^2 - [\bar{m} - \bar{o}/s_o]^2 \tag{3-4}$$

式中:SS 为无量纲指数;m、o 分别为模拟场、观测场的数据;$MSE(m,o)$、$MSE(\bar{o},o)$ 分别为模拟场与观测场的均方误差;$r_{m,o}$ 为模拟观测场的相关系数;s_m、s_o 分别为模拟场和观测场的均方差。

由此可知,SS 越趋近于 1,气候模式的模拟效果越好。

3.2.2　空间插值

3.2.2.1　**样条函数法**（Spline）

样条函数法利用最小化表面总曲率的数学函数来估计值,从而生成恰好经过输入点的平滑表面。其计算公式如下:

$$S(x,y) = T(x,y) + \sum_{j=1}^{N} \lambda_j R(r_j) \quad (j = 1,2,\cdots,N_0) \tag{3-5}$$

式中:N 为点数;λ_j 为求解线性方程组的根值;r_j 为坐标点 (x,y) 到第 j 点之间的距离。由于样条函数的类型不同,$T(x,y)$ 和 $R(r)$ 的表达式也不同。如规则样条函数中,$T(x,y) = a_1 + a_2 x + a_3 y$（$a_i$ 是求解线性方程组的根）,且 $R(r) = \frac{1}{2\pi}\left\{\frac{r^2}{4}\left[\ln\left(\frac{r}{2\tau}\right)+c-1\right]+\tau^2\left[K_0\left(\frac{r}{\tau}\right)+c+\ln\left(\frac{r}{2\pi}\right)\right]\right\}$;$r$ 为坐标点与样本点之间的距离;τ^2 为权重参数。K_0 为修正贝塞尔函数;$c = 0.577\ 215$。为了便于计算,将研究区栅格划分为等比例的矩形区域或块,且沿 x、y 方向上的块数相同。

3.2.2.2　**克里金插值法**（Kriging）

克里金插值是根据多个分散点的 Z 值统计并创建估计表面的统计方法,要求分散点间的距离和方位能够表达点群表面趋势变化的空间相关性。Kriging 工具是根据对应的函数和给定的半径或数量的点进行拟合,从而插值出每个坐标点的未知数值,其实质是对给定条件的已知数值赋予一定的权重来预测未测位置的数值大小,与下述 IDW 法较为类似。其计算公式如下:

$$\hat{Z}(s_0) = \sum_{i=1}^{n} \lambda_i Z(s_i) \tag{3-6}$$

式中:$Z(s_i)$ 为第 i 个坐标的已知数;λ_i 为对应的未知权重;s_0 为预测坐标位置;n 为坐标点数。

3.2.2.3 反距离加权法 (Inverse Distance Weighted, IDW)

反距离加权法是在近似相似原理的基础上,将预测点与样本点间距离的幂次方的倒数作为加权平均的权重,靠近预测位置的样本点具有更大的权重。其计算公式如下:

$$\hat{Z}(X_0, Y_0) = \sum_{i=1}^{n} w_i Z(X_i, Y_i) \tag{3-7}$$

式中:$\hat{Z}(X_0, Y_0)$ 为 (X_0, Y_0) 处的预测值;$Z(X_i, Y_i)$ 为坐标点 (X_i, Y_i) 的已知数;n 为预测位置附近的样本点数目,作为预测过程中的计算样本点;w_i 为各样本点的权重,计算公式为 $w_i = \dfrac{h_i^{-p}}{\sum_{j=1}^{n} h_j^{-p}}$,$p$ 为任意正实数,一般取 2,h_i 为样本点到预测点的距离,计算公式为 $h_i = \sqrt{(x-x_i)^2 + (y-y_i)^2}$,$(x, y)$ 为预测点的坐标,(x_i, y_i) 为样本点的坐标。

3.2.2.4 自然邻域法 (Natural Neighbor Interpolation, NNI)

自然邻域法也称为 Sibson 或"区域占用 (area-stealing)"插值,是基于预测点最近的样本子集,将区域大小的比例作为各自点位置的权重进行插值的过程。该插值法的特点是具有局部性,仅使用预测点附近的样本子集,以确保预测值不超过使用样本子集的范围。

3.2.2.5 双线性插值法 (Bilinear Interpolation, BI)

双线性插值是对线性插值在二维直角网格上的扩展,用于对双变量函数(例如 x 和 y)进行插值的方法,其核心思想是对插值位置的两个不同方向分别进行线性插值,然后将两次插值结果进行加权平均。假设有一个未知函数 $P = f(x, y)$ 和已知函数 f 在 $Q_{11}(x_1, y_1)$,$Q_{12}(x_1, y_2)$,$Q_{21}(x_2, y_1)$ 及 $Q_{22}(x_2, y_2)$ 的值,其计算公式如下:

$$\left. \begin{aligned} f(x, y_1) &\approx \frac{x_2 - x}{x_2 - x_1} f(Q_{11}) + \frac{x - x_1}{x_2 - x_1} f(Q_{21}) \\ f(x, y_2) &\approx \frac{x_2 - x}{x_2 - x_1} f(Q_{12}) + \frac{x - x_1}{x_2 - x_1} f(Q_{22}) \end{aligned} \right\} \tag{3-8}$$

$$\begin{aligned} f(x, y) &\approx \frac{y_2 - y}{y_2 - y_1} f(x, y_1) + \frac{y - y_1}{y_2 - y_1} f(x, y_2) \\ &= \frac{1}{(x_2 - x_1)(y_2 - y_1)} \begin{bmatrix} x_2 - x & x - x_1 \end{bmatrix} \begin{bmatrix} f(Q_{11}) & f(Q_{12}) \\ f(Q_{21}) & f(Q_{22}) \end{bmatrix} \begin{bmatrix} y_2 & -y \\ y & -y_1 \end{bmatrix} \end{aligned} \tag{3-9}$$

3.2.3 Delta 降尺度

Delta 降尺度是一种基于基准期实测气候要素序列和区域未来气候模式的变量特征值(如温度的绝对增幅、降水的相对变化率等),两者叠加以获取未来气候情景的方法。该方法具有相对简单、计算量小的优点,能够将全球气候模式模拟值降至特定观测站。不同变量采用的降尺度方法不同。对于温度,通过同一区域不同时期的模拟值与基准期的模拟平均值,来统计出不同时期模拟值相对于基准期平均值的绝对变化量,将该绝对变化量通过空间插值成高分辨率值,再与每个基准期实测平均温度相加获取不同时期高分辨率的气温情景。其计算公式如下：

$$T_f = T_0 + (T_{Mf} + T_{M0}) \tag{3-10}$$

式中：T_f 为预测期温度降尺度数据；T_{Mf} 为预测期内研究区每个格点上温度的模拟数据；T_{M0} 为基准期研究区格点上平均温度的模拟数据；T_0 为基准期对应格点上平均温度的实测数据。

对于降水，Delta 降尺度是将预测期降水量的模拟值与基准期平均降水量的模拟值进行比较，统计出研究区每个格点上各时期相对于基准期降水量的绝对变化率，再将基准期实测的平均降水量与该绝对变化率相乘，即可重建格点上预测期高分辨率的降水情景。其计算公式如下：

$$P_f = P_0 \times \frac{P_{Mf}}{P_{M0}} \tag{3-11}$$

式中：P_f 为 Delta 降尺度后的降水数据；P_{Mf} 为预测期内研究区每个格点上降水的模拟数据；P_{M0} 为基准期研究区格点上降水的模拟数据；P_0 为基准期对应格点上降水的实测数据。值得注意的是，Delta 法需要高分辨率的参考气候数据，且该数据集必须能够准确地反映区域尺度上各个气候要素的分布特征。与降水的降尺度方法类似，潜在蒸散发、植被覆盖度和径流深均采用式（3-11）进行降尺度。具体降尺度过程如图 3-1 所示。

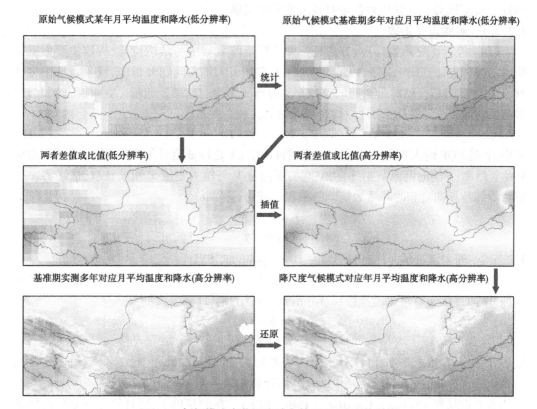

图 3-1　气候模式在黄河流域上的 Delta 降尺度过程

3.2.4　像元二分模型

由于研究区的植被覆盖度与 NDVI 之间存在非常显著的线性相关性,可通过构建线性变换方法进行植被覆盖度的提取。其中,像元二分模型是一种常用的线性模型,该模型假设每个像元的地表信息包括有植被覆盖地表、无植被覆盖地表两种类型的数据,而该像元的植被覆盖度等于有植被覆盖地表占该像元地表的权重。在此假设下,对各像元的植被覆盖度进行计算,从而估计出研究区的植被覆盖度。该模型可忽略遥感影像的辐射校正影响,且计算过程相对简单,能够有效地评估研究区的植被覆盖度。其计算公式如下:

$$\mathrm{FVC} = \frac{(\mathrm{NDVI} - \mathrm{NDVI_{soil}})}{(\mathrm{NDVI_{veg}} - \mathrm{NDVI_{soil}})} \tag{3-12}$$

式中:FVC 为植被覆盖度;NDVI 为归一化植被指数;$\mathrm{NDVI_{veg}}$ 为纯植被 NDVI 值;$\mathrm{NDVI_{soil}}$ 为纯裸地 NDVI 值。在 NDVI 最大值图像频率累积表上取累积概率 95% 和 5% 处确定 $\mathrm{NDVI_{veg}}$ 和 $\mathrm{NDVI_{soil}}$。

3.2.5　空间场分析

本书选择 EOF 分析黄河流域气象要素、植被覆盖度和径流的时空变化趋势,通过 SVD 分析植被对气候变化和植被对径流的响应机制。

3.2.5.1　经验正交函数

EOF(经验正交函数)分析方法是一种分析矩阵数据中的结构特征,提取主要数据特征量的一种方法。Lorenz 于 1956 年将 PCA 方法引入气象问题分析中,气象领域中称该方法为 EOF 分析。EOF 分析将时空数据集分解为多个空间特征向量(空间模态)和与之对应的时间序列(时间系数)。其表达式如下:

$$C = X \cdot X^{\mathrm{T}} = (V \cdot T) \cdot (V \cdot T)^{\mathrm{T}} = V \cdot \Lambda \cdot V^{n} \tag{3-13}$$

式中:V 是 EOF 输入变量 X 对应的空间特征向量;Λ 是特征值对角矩阵,根据 Λ 计算对应 V 的贡献率;T 为时间系数矩阵,由空间特征向量 V 与输入变量 X 相乘获取,最终将 X 分解为空间特征向量和时间系数矩阵的乘积。其表达式如下:

$$T = V^{\mathrm{T}} \cdot X$$
$$X = V \cdot T \tag{3-14}$$

3.2.5.2　奇异值分解(Singular Value Decomposition,SVD)

SVD 分解是提取两个要素空间场耦合信号的重要工具。该方法将两场的协方差矩阵展开,通过广义对角化运算得到奇异值及左右场。其计算公式如下:

$$C = F \cdot G^{\mathrm{T}}$$
$$C = U \cdot \Lambda \cdot V^{\mathrm{T}} \tag{3-15}$$

式中:C 为协方差矩阵;F 和 G 分别为两个要素的空间场;U 和 V 为 C 的奇异向量;Λ 为对角矩阵,其对角线上的元素是根据奇异值计算的每一对奇异向量所代表空间特征向量的协方差贡献率(Squared Covariance Fatin,SCF)。在此基础上,可计算左右场的时间系数。其计算公式如下:

$$T_f = U^{\mathrm{T}} \cdot F$$

$$T_g = V^T \cdot G \tag{3-16}$$

式中: T_f 和 T_g 分别为左右奇异向量的时间系数。相关系数越大,说明两场间的相关性越强。将左右场时间系数定义为模态时间系数,表示第 n 个模态间的相关性。定义左(右)场时间系数与右(左)场序列之间的时间相关系数为异性相关系数相关,反之则为同性相关。显著区是两场交互作用的关键区,并据此判断出左右场的遥相关。本书分析中主要考虑异性相关系数。

3.2.6 基于 Budyko 假设的水量平衡方程

3.2.6.1 流域的水量平衡方程

流域的水量平衡方程可表示为

$$R = P - ET - \Delta S \tag{3-17}$$

式中: R 为径流深,mm; P 为降水量,mm; ET 为实际蒸散量,mm; ΔS 为储水量变化,mm。

流域尺度上的径流深 R 和降水量 P 可以通过实际观测获得,而实际蒸散量 ET 可以用 Budyko 假设计算得到。根据 Budyko 假定,Choudhury 和 Yang 等构建了流域水热耦合平衡方程,其表达式如下:

$$ET = \frac{P \times ET_0}{(P^\omega + ET_0^\omega)^{\frac{1}{\omega}}} \tag{3-18}$$

$$R = P - \frac{P \times ET_0}{(P^\omega + ET_0^\omega)^{\frac{1}{\omega}}} \tag{3-19}$$

3.2.6.2 敏感性分析

基于 Budyko 假设的水量平衡方程,径流对特定独立变量 x 的弹性系数可采用下式表示:

$$\varepsilon_{x_i} = \frac{\partial R}{\partial x_i} \times \frac{x_i}{R} \tag{3-20}$$

式中: ε_{x_i} 为径流对特定独立变量 x_i 的弹性系数, x_i 为 P、ET_0 或 ω。假设:

$$\phi = \frac{ET_0}{P} \tag{3-21}$$

各变量的弹性系数计算如下:

$$\left. \begin{aligned} \varepsilon_P &= \frac{(1+\phi^\omega)^{\frac{1}{\omega}+1} - \phi^{\omega+1}}{(1+\phi^\omega)\left[(1+\phi^\omega)^{\frac{1}{\omega}} - \phi\right]} \\ \varepsilon_{ET_0} &= \frac{1}{(1+\phi^\omega)\left[1 - (1+\phi^{-\omega})^{\frac{1}{\omega}}\right]} \\ \varepsilon_\omega &= \frac{\ln(1+\phi^\omega) + \phi^\omega \ln(1+\phi^{-\omega})}{\omega(1+\phi^\omega)\left[1 - (1+\phi^{-\omega})^{\frac{1}{\omega}}\right]} \end{aligned} \right\} \tag{3-22}$$

式中: ε_P 为径流对降水的弹性系数; ε_{ET_0} 为径流对潜在蒸散发的弹性系数; ε_ω 为径流对下

垫面的弹性系数。当某变量的弹性系数为正时,表明当变量增大时,径流深会增大;反之,则会降低。

3.2.6.3 下垫面变化对径流的贡献

研究期按径流突变点划分为不同时段,时段 1 的多年平均径流深为 R^1,时段 2 的多年平均径流深为 R^2,从时段 1 到时段 2 的年径流的变化可以用径流前后两时段的多年平均径流深之差(dR) 表示;同理,降水量(dP)、潜在蒸散发(dET_0) 和下垫面($d\omega$) 的变化表示为

$$\left.\begin{array}{l} dR = R^2 - R^1 \\ dP = P^2 - P^1 \\ dET_0 = ET_0^2 - ET_0^1 \\ d\omega = \omega^2 - \omega^1 \end{array}\right\} \tag{3-23}$$

由某一因子引起的径流变化可由因子变化及其偏导数乘积估计。因此,可使用下列微分方程计算各因子对径流变化的贡献:

$$dR' = \frac{\partial R}{\partial P}dP + \frac{\partial R}{\partial ET_0}dET_0 + \frac{\partial R}{\partial \omega}d\omega \tag{3-24}$$

式中: dR' 为计算求得的径流深变化。式(3-24)可化简为

$$dR' = dR_P + dR_{ET_0} + dR_\omega \tag{3-25}$$

式中: dR_P 、 dR_{ET_0} 和 dR_ω 分别为气候变化(P 和 ET_0) 和下垫面(ω)变化引起的径流变化。也可表示为

$$dR_{x_i} = \varepsilon_{x_i}\frac{R}{x_i}dx_i \tag{3-26}$$

每个因素对径流变化的相对贡献可以计算如下:

$$C_{x_i} = \frac{dR_{x_i}}{dR'} \times 100\% \tag{3-27}$$

式中: x_i 为 P 、 ET_0 或 ω ; C_{x_i} 为各因子对径流变化的贡献率。

第 4 章　黄河流域气候变化研究

本章基于黄河流域 93 个气象站点时间段为 1990 年 1 月至 2014 年 12 月的观测气象资料月数据,利用平均绝对误差(MAE)、时间技巧评分(TS)、空间技巧评分(SS)和基于泰勒图法(S)这 4 个评估指标对黄河流域气候模式的降尺度月均温、月降水量和月潜在蒸散发数据集进行评估,通过比较,筛选出适用于流域降尺度过程的插值方法,并对未来时期的温度、降水量和潜在蒸发量进行了模拟。然后,以 CMIP6 降尺度数据为基础,着重研究黄河流域各时期的气候变化规律,对年平均气温、年降水量、年潜在蒸发量的时空分布特征进行研究。

4.1　降尺度结果评估及多模式集合

不同模式在流域范围内对气候变化的模拟能力差别较大,选取合适的模式可以减少模型的不确定性。因此,在筛选模型的过程中,将模拟性能比较低的模型排除在外,并定量化评估挑选出的较优模式。最优化模式的选取主要考虑三方面的因素:一是模式的 4 个评价指标均有较好的表现;二是尽量包含更多的模型,使得结论具有更高的可靠性;三是具有未来气候模式数据。

本书利用黄河流域地区 93 个地面气象站点的观测数据作为自变量,以对应站点处的月降水量、温度的气候模式模拟数据为因变量,利用 1971—2000 年基准期分辨率为 1 km 的 1—12 月降水量和温度多年平均值的空间栅格应用 Delta 降尺度,然后,对 1995—2014 年的降尺度月降水量和温度模拟数据的有效性进行验证。另外,根据国家地球数据中心提供的 1990—2020 年的 1 km 潜在蒸散发数据进行 Delta 降尺度分析,降尺度的基本期选取 1990—2005 年,检验期为 2001—2011 年。

利用 SS、TS、S、MAE 4 种评价指标对 5 种插值方式下气候模式对黄河流域温度和降水拟合误差进行评价,以此计算误差排名并绘制成热力图 (见图 4-1、图 4-2)。根据不同评价指标下的排名来比较,等权重进行综合排名,此种方式可有效避免单一评价指标的局限性,全面评价气候模式在时空特征预测的效果。图 4-1、图 4-2 描述了各个模型的整体性能,较小的排名值表示模型性能更好。对于温度而言,BILINEAR 插值方式在 4 种不同评价指标中均表现为误差最小,故采用该种插值方式进一步评估所有气候模式的温度模拟效果。从图 4-1、图 4-2 中可以看出,ACCESS-CM2、ACCESS-ESM1-5、CAMS-CSM1-0、CESM2、CESM2-FV2、E3SM-1-0、INM-CM5-0、CanESM5、CESM2-WACCM、FIO-ESM-2-0、NorESM2-LM 等多个气候模式各评价指标的排名较前,而相对较差的模式有 CNRM-ESM2-1、MRI-ESM2-0、EC-Earth3、CNRM-CM6-1 等,除泰勒指标(S)外,其他评

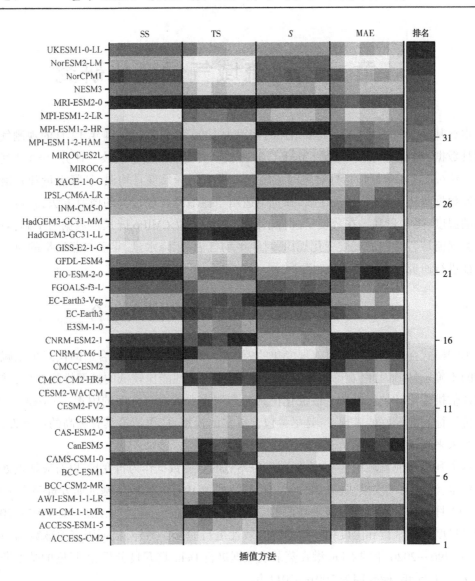

每种评价方法下依次是对 Kriging、IDW、BILINEAR、Natural、Spline 这 5 种插值方法的评估排名。

图 4-1 不同插值和评价指标下 1995—2014 年站点实测

和 38 个气候模式模拟黄河流域降水月序列的拟合性能排名

价指标排名均较低。由于部分气候模式无未来排放情景数据,故暂不作为黄河流域气候变化评估的模式集。综合考虑到气候模式的数据完整性和实际拟合的性能,故采用CESM2-WACCM、NorESM2-LM、ACCESS-CM2 这 3 种气候模式作为后续黄河流域温度模式的分析。与温度不同,降水量采用 Kriging 插值能够明显降低气候模式的插值误差。在该插值方式下,根据 4 种不同评价指标,CanESM5、NESM3、CESM2-WACCM、FIO-ESM-2-0、INM-CM5-0、NorESM2-LM、ACCESS-CM2、ACCESS-ESM1-5、IPSL-CM6A-LR 等多种气候模式综合排名较高,同时也考虑到个别气候模型无未来气候排放情景数据,故采用

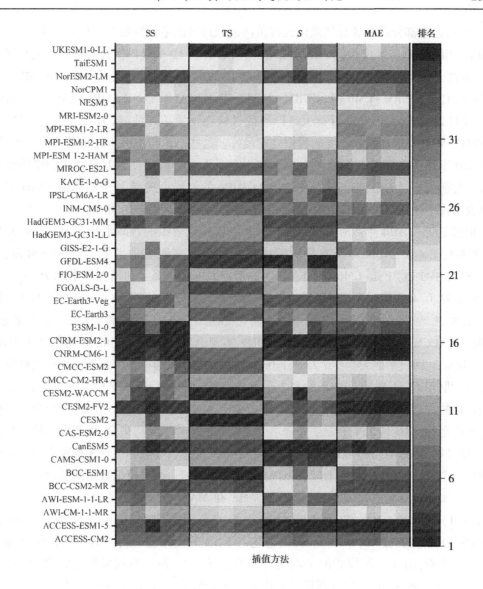

每种评价方法下依次是对 Kriging、IDW、BILINEAR、Natural、Spline 这 5 种插值方法的评估排名。

图 4-2 不同插值和评价指标下 1995—2014 年站点实测和 38 个气候模式模拟黄河流域温度月序列的拟合性能排名

ACCESS-ESM1-5、CESM2-WACCM、IPSL-CM6A-LR 这 3 种气候模式作为后续降水量变化的分析。对于单模型,不同指标的性能等级有些不同,部分表现为完全相反的模拟效果,如 MPI-ESM1-2-LR 在时间技巧 TS 评价中表现比其他很多模式优,但在其他评价指标中排名靠后,说明整个模拟空间场在时间趋势变化上拟合效果好,空间分布模拟较差,总体误差比其他模式大。

此前,也有部分研究者对气候模式在黄河流域地区的适用性展开了研究。Wang 等采用 MAE、相关系数等 8 个指标的秩分法(RS)综合评价 19 个气候模式对黄河流域日降水的适用性,结果表明,对流域降水模拟较优的气候模式依次为 MRI-ESM2-0、ACCESS-CM2、CNRM-CM6-1、CNRM-ESM2-1、FGOALS-f3-L、MPI-ESM1-2-HR。Peng 等对 28 个气候模式进行黄土高原地区气候变化模拟评估,认为 GFDL-ESM2M 和 NorESM1-M 对月降水量和温度的模拟性能最好。这些结论与本书研究结果并不一致,原因可能在于评价数据集的指标、时间分辨率以及是否进行降尺度等差异性均会影响评价结果。与前人不同的是,本书综合了 39 种 CMIP6 的气候模式、5 种空间插值、Delta 降尺度以及 4 种不同评价指标评估流域降水的适用性,结论全面且较为可靠。

根据 1995—2014 年黄河流域站点实测和气候模式模拟的月降水量和温度序列对比(见图 4-3、图 4-4),气温和降水量的总体拟合效果存在明显的差别。对于降水而言,ACCESS-ESM1-5、IPSL-CM6A-LR、CESM2-WACCM 实测降水和模拟降水的 R^2 分别为 0.408、0.43、0.464,表现为相关程度也较为一致,回归系数为 0.616、0.624、0.644,整体上降水数据要比地面观测的降水量偏小,同时存在一些较远的离群点。对于温度,CESM2-WACCM、NorESM2-LM、ACCESS-CM2 实测温度和模拟温度的 R^2 分别为 0.934、0.933、0.932,回归系数为 0.967、0.971、0.931,大部分点位都在 1:1 线附近,3 种气候模式的拟合结果相近,且 R^2 和回归系数都大于 0.9,均通过 99% 信度水平检验。研究表明,观测与模拟的月降水量拟合效果比温度差,这一结论与本书研究一致。此外,为减少气候模式的不确定性,将优选出来的温度和降水气候模式进行算术平均集合,以获取多模式集合 MME 数据集,从图 4-3(d)可以看出,MME 数据集的模拟值和观测值比 3 种独立的气候模型更加集中,可以在一定程度上减少由离群点引起的误差,改善模拟数据的拟合度。

进一步分析排名前 10 的气候模式和 MME 在 MAE、SS、S、TS 评价下表现的差异性(见表 4-1)。由表 4-1 可知,对于降水而言,模拟与观测的 MAE 在 23~26 mm,SS 在 0.16~0.39,S 在 0.82~1,TS 在 0~0.005,这与 Peng 等的结论较为一致。从 4 个指标的评估标准来看,10 个气候模式的平均绝对误差差异不大,由于空间采样点较多,SS 低于 0.5,离 1 较远,而 S 和 TS 均分别接近 1 和 0,性能等级表现较高,表明该模型在一定程度上模拟了黄河流域的降水特征,并且具有较高的可信度。通过多模式集合获取得到 MME 数据集,该数据在评估检验时表现比其他单一模式要好,其平均绝对误差降到 21.874 4 mm,除 TS 外,SS 和 S 均有较大提高,表明 MME 具有更好的拟合能力。

就温度而言,气候模式 MAE 值为 2.1~2.4(见表 4-2),Peng 等估算了黄土高原月温度气候模式的误差范围为 2.7~3.2,表明 CMIP6 气候模式对黄河流域的适用性优于 CMIP5。SS 大于 0.9,S 接近 1,TS 接近 0。根据 4 种评价指标的评价标准可知,10 个气候模式在黄河流域温度模拟性能等级上均有较好的表现,表明这些模型能较好地反映黄河地区的温度特征。MME 数据集各项评价指标均优于单一模式,气候模式数据拟合能力明显提高。

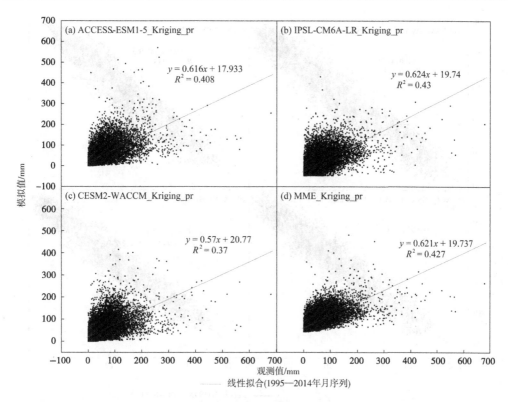

图 4-3　Kriging 插值下 1995—2014 年站点实测和气候模式模拟黄河流域月降水量（pr）序列的散点图

表 4-1　排名前 10 的降尺度气候模式对黄河流域月降水的拟合误差评价

气候模式	变量	插值方法	MAE	SS	S	TS
ACCESS-ESM1-5	pr	Kriging	24. 155 4	0. 297 8	0. 899 9	0. 004 8
IPSL-CM6A-LR	pr	Kriging	24. 804 5	0. 165 8	0. 821 0	0. 004 6
CMCC-CM2-HR4	pr	Kriging	25. 420 6	0. 234 8	0. 857 9	0. 000 2
E3SM-1-0	pr	Kriging	25. 684 6	0. 240 0	0. 841 3	0. 003 8
HadGEM3-GC31-MM	pr	Kriging	25. 586 4	0. 238 5	0. 845 9	0. 001 7
NorCPM1	pr	Kriging	23. 837 7	0. 384 7	0. 996 9	0. 012 6
CESM2-WACCM	pr	Kriging	25. 078 9	0. 266 4	0. 835 3	0. 022 3
CESM2	pr	Kriging	25. 375 0	0. 254 9	0. 844 3	0. 008 6
INM-CM5-0	pr	Kriging	24. 717 1	0. 274 7	0. 851 1	0. 015 5
MIROC6	pr	Kriging	25. 408 1	0. 248 5	0. 822 9	0. 016 6
MME	pr	Kriging	21. 874 4	0. 443 9	0. 980 9	0. 078 1

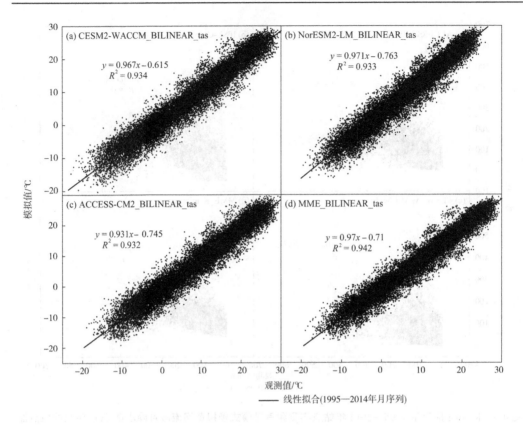

——— 线性拟合(1995—2014年月序列)

图 4-4　BILINEAR 插值下 1995—2014 年站点实测和气候
模式模拟黄河流域月温度（tas）序列的散点图

表 4-2　排名前 10 的降尺度气候模式对黄河流域月温度的拟合误差评价

气候模式	变量	插值方法	MAE	SS	S	TS
CESM2-WACCM	tas	BILINEAR	2.215 5	0.925 5	0.996 8	0
CESM2	tas	BILINEAR	2.261 9	0.921 4	0.995 2	0
NorESM2-LM	tas	BILINEAR	2.243 5	0.922 1	0.995 7	0.000 1
ACCESS-CM2	tas	BILINEAR	2.304 7	0.921 1	0.994 3	0.000 2
GISS-E2-1-G	tas	BILINEAR	2.312 4	0.918 6	0.992 5	0
CESM2-FV2	tas	BILINEAR	2.189 3	0.926 0	0.995 4	0.000 7
INM-CM5-0	tas	BILINEAR	2.323 5	0.916 8	0.993 6	0.000 1
ACCESS-ESM1-5	tas	BILINEAR	2.204 5	0.926 2	0.999 5	0.001 9
CAMS-CSM1-0	tas	BILINEAR	2.367 0	0.915 2	0.995 6	0.000 1
CAS-ESM2-0	tas	BILINEAR	2.359 1	0.916 7	0.990 9	0.000 1
MME	tas	BILINEAR	2.071 9	0.932 9	0.999 9	0

除温度、降水气候要素外,还对 7 个气候模式的潜在蒸散发进行了降尺度评价 (见图 4-5)。通过综合排名得出,IDW 插值方法在 7 种气候模式中的平均误差是最小的,EC-Earth3-Veg-LR 在各项评价指标中均居首位,由于气候模式数量较少,因此没有将其他模拟数据集平均,而是选择该气候模式作为后续潜在蒸散发变化分析。以下是 7 个气候模式对黄河流域月潜在蒸散发的拟合误差 (见表 4-3),这些气候模式 MAE 值为 21~28 mm,SS 大于 0.5,EC-Earth3-Veg-LR 达到 0.703 3,高于其他模式。另外,S 和 TS 分别为 1.000 0 和 0.000 9,其模拟性能均较好。

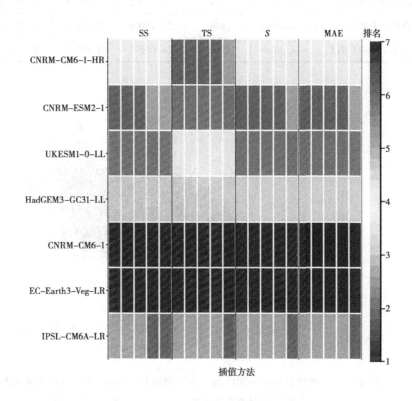

每种评价方法下依次是对 Kriging、IDW、BILINEAR、Natural、Spline 这 5 种插值方法的评估排名。

图 4-5　不同插值和评价指标下 2001—2011 年站点实测和 7 个气候模式模拟黄河流域月潜在蒸散发的拟合性能排名

根据 2001—2011 年实测和模拟月潜在蒸散发散点分布图 (见图 4-6),可以发现,实测和模拟潜在蒸散发的 R^2 为 0.734,可以看出气候模式月潜在蒸散发与实际月潜在蒸散发具有较高的一致性,通过了 5% 的显著性检验,且回归系数为 0.87,整体上气候模式的潜在蒸散发数据要比地面观测的偏小。

表 4-3   降尺度气候模式对黄河流域月潜在蒸散发的拟合误差评价

气候模式	变量	插值方式	MAE	SS	S	TS
IPSL-CM6A-LR	evspsblpot	Idw	25.191 7	0.555 3	0.879 2	0.030 3
EC-Earth3-Veg-LR	evspsblpot	Idw	21.119 7	0.703 3	1.000 0	0.000 9
CNRM-CM6-1	evspsblpot	Idw	27.551 5	0.480 0	0.833 1	0.051 4
HadGEM3-GC31-LL	evspsblpot	Idw	23.201 9	0.622 4	0.938 2	0.018 8
UKESM1-0-LL	evspsblpot	Idw	21.973 2	0.650 3	0.965 3	0.022 3
CNRM-ESM2-1	evspsblpot	Idw	25.780 6	0.542 2	0.856 4	0.014 9
CNRM-CM6-1-HR	evspsblpot	Idw	24.605 3	0.598 7	0.924 7	0.040 5

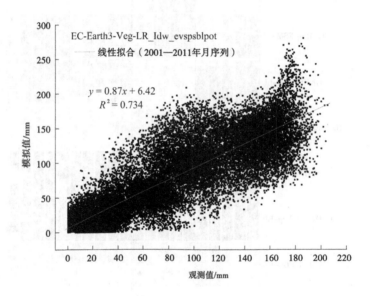

图 4-6   Idw 插值下 2001—2011 年站点实测和 EC-Earth3-Veg-LR 气候模式模拟
黄河流域月潜在蒸散发（evspsblpot）序列的散点图

综合来看,在温度、降水、潜在蒸散发这 3 种气候要素模拟效果上,温度最为接近于观测值,降水拟合效果较差,但潜在蒸散发在各评价指标中表现一致,说明气候模式在黄河流域具有较强的适用性。此外,平均集合校正能够改进模式模拟区域气候变化的能力。研究结果表明,CMIP6 多模式集合对黄河上游降水时空变化特征具有较强的模拟能力。MME 模拟场与观测场的空间相关系数较单模式增加,平均绝对误差明显减小,离群点数目减少,使模拟场空间变率能力更合理。这充分说明黄河流域采用多模型集进行地表温度和降水插值可以有效地改善模型的模拟性能,MME 模型综合性能优于单一模型。

4.2　不同气候情景下的温度、降水、潜在蒸散发变化趋势

4.2.1　当前气候情景下温度、降水、潜在蒸散发特征

首先,根据降尺度后的 MME 降水数据计算获取黄河流域地区年降水量,对黄河流域 1901—2014 年的年降水量进行趋势分析[见图 4-7(a)]。结果发现,1901—2014 年多年平均降水量为 465.78 mm,这与 1960—2017 年多年平均降水量 466.6 mm 基本吻合,标准差为 31.24 mm,年降水量上下波动幅度较大,平均变化率为-1.45 mm/10 a,但无显著下降趋势,在 1916 年达到最小值,为 393.14 mm;在 1959 年处具有一个大值,为 542.03 mm;在 2007 年达到最大值 548.20 mm,极值差为 155.06 mm。与气温相比,年降水量受多种因素的影响,变化幅度较大。

同样,根据黄河流域 1901—2014 年的降尺度 MME 的温度数据进行年平均温度趋势分析[见图 4-7(b)],1901—2014 年平均温度在不同时期的趋势差异明显,因此本书将年平均温度变化期划分为 1901—1949 年、1950—1979 年、1980—2014 年 3 个时期。1901—1949 年年平均温度为 6.57 ℃,标准差为 0.28 ℃,平均变化率为 0.078 ℃/10 a (P<0.01);1950—1979 年年平均温度在 1950 年达到极大值,为 7.17 ℃,1950—1979 年年平均温度为 6.34 ℃,标准差为 0.36 ℃,平均变化率为-0.3 ℃/10 a (P< 0.01);1980—2014 年年平均温度为 6.83 ℃,1980 年达到最小值,为 7.79 ℃,2012 年达到最大值,为 5.61 ℃,1980—2014 年标准差为 0.53 ℃,平均变化率为 0.43 ℃/10 a (P<0.01),而王胜杰等研究也表明,1961—2020 年黄河流域年平均温度的气候倾向率为 0.33 ℃/10 a (P < 0.01),结果低于本书研究的原因可能在于 20 世纪 60—80 年代的年平均温度主要呈下降趋势。从这 3 个时期可以看出,年平均温度经历显著增长—显著降低—显著增长的变化过程,其中波动幅度最为明显的是 1980—2014 年。王有恒等曾指出,流域平均气温在 1984 年后升温明显,平均升温速率达 0.43 ℃/10 a,特别是 1997 年以来升温最为明显,这也与本书结论一致。

根据 1901—2014 年年潜在蒸散发量变化趋势[见图 4-7(c)],将其划分为上升—显著下降两个阶段,分别为 1901—1949 年、1950—2014 年。在 1901—1949 年,多年平均潜在蒸散发量为 1 250.81 mm,标准差为 50.27 mm,通过 5 年滑动曲线可以看出,黄河流域年潜在蒸散发波动幅度较大,最大值出现在 1930 年,为 1 403.48 mm,最小值为 1 121.94 mm,出现在 1903 年,通过线性拟合发现,1901—1949 年黄河流域地区潜在蒸散发以 4.1 mm/10 a 的趋势在上升,但趋势不显著。1950—2014 年,多年平均潜在蒸散发量为 1 145.23 mm,标准差为 77.95 mm,最大值出现在 1961 年,为 1 308.62 mm,最小值为 1 017.92 mm,出现在 2012 年,平均变化率为-34.7 mm/10 a,呈显著下降趋势,童瑞也曾指出,1961—2012 年黄河流域潜在蒸散发量呈显著减小趋势。而潜在蒸散发量减小的原因可能在于流域风速的明显减小,也可能与气温日较差、年降水量和年日照时数有关。

选取黄河流域 32 597 个栅格点作为研究对象,每个栅格点为 0.05°×0.05° 的中心点,分别对年平均温度、年降水量、年潜在蒸散量进行 EOF 分解,提取其主要空间分布特征。

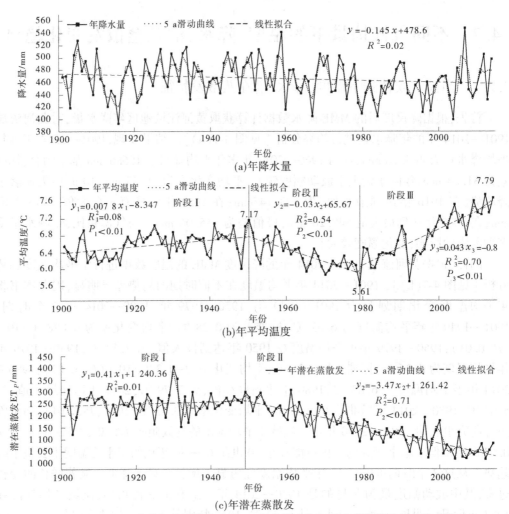

图 4-7　1901—2014 年黄河流域年降水量、年平均温度和年潜在蒸散发的时间变化趋势

EOF 展开的载荷向量数值大小能够反映降水量的变化程度,模态贡献越高,表示模态特征越重要。由 EOF 分析结果 (见表 4-4)可知,降水量的前 4 个模态通过 North 检验,且累积方差贡献率达到 86.68%。温度的前 2 个模态通过 North 检验,且累积方差贡献率达 92.57%。潜在蒸散发量的前 4 个模态通过 North 检验,且累积方差贡献率达 91.2%。以下主要分析各变量的这些模态及其时间系数。

　　由降水量 EOF 的前 4 个模态 (见图 4-8)可以看出,EOF 的第 1 个模态 [简称 EOF1,见图 4-8(a)]反映了全区降水量变化趋势一致,且降水量的变化幅度由东南向西北递减,上游降水变化量最小。这与王有胜提出的降水量变幅的结论一致,不同的是,上游与中下游趋势并不一致,而这也与解释 26.03% 的 EOF2、EOF3 反映的西北与东南相反、东北与西南趋势相反特征类似。第 4 个模态 (EOF4)反映的是以中游地区为中心的趋势分布。结合时间系数 (见图 4-9)分析,EOF1 的时间系数 (PC1)反映了黄河流域在 20 世纪初期、20—50 年代呈全区降水偏多的特征,其他年份则以全区降水偏少为主。PC2 反映了

20 世纪 60 年代黄河流域降水以西北与东南趋势相反的特征为主。PC3 则反映了黄河流域降水西南与东北趋势相反的特征,该特征在 1943 年、1955 年、1966 年、2005 年等部分年份较为明显,主要表现为 20 世纪中后期主要以西南降水偏少、东北降水偏多特征为主。PC4 表明黄河流域在 1902 年、1911 年、1933 年等年份以中游地区为变化中心的特征为主,20 世纪中后期主要以中游降水偏多为主,但这一特点并不明显。

表 4-4　1901—2014 年温度、降水量和潜在蒸散发量的 EOF 分析结果

变量	变量简称	时期	模态序号	方差贡献率/%	累计方差贡献率/%	North 检验
降水量	pr	1901—2014	1	55.48	55.48	通过
			2	16.35	71.83	通过
			3	9.68	81.51	通过
			4	5.17	86.68	通过
温度	tas	1901—2014	1	77.84	77.84	通过
			2	14.73	92.57	通过
潜在蒸散发量	evspsblpot	1901—2014	1	69.96	69.96	通过
			2	12.75	82.71	通过
			3	5.29	88.00	通过
			4	3.20	91.20	通过

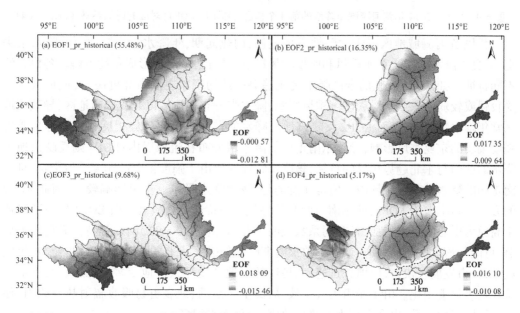

各图的 EOFi_pr_historical(贡献率/%)表示降水(pr)在历史时期(1901—2014 年)的第 i 模态(EOFi),括号内为该模态的贡献率;图(b)(c)(d)中的 0 分界线为特征值正负分界线。

图 4-8　1901—2014 年黄河流域年降水 EOF 分析的前 4 个模态(EOF1~EOF4)分析

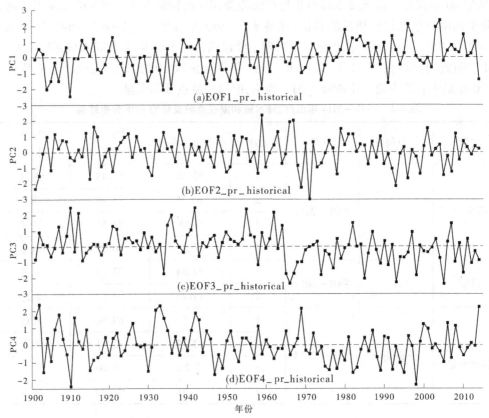

图 4-9　1901—2014 年黄河流域年降水的前 4 个模态（EOF1~EOF4）对应的时间系数（PC1~PC4）

　　我国黄河流域地区属于大陆性季风气候,雨热同期,年降水量主要由夏季降水量决定,而夏季降水同时受东亚季风和印度季风影响。因此,从降水形成角度可解释各模态的不同特征。如 EOF1 反映的全区降水变化趋势一致的现象主要由纬度决定,该地区常年受较强或较弱的东亚季风和印度季风影响,降水带分布在流域以北或以南地区,导致该地区常年降水特点相似;而 EOF2 反映该地区降水的东南与西北趋势相反则可能是主要受强度偏弱的东亚季风影响,导致东南走向的降水带分布在流域以内;EOF3 则反映该地区降水的西南与东北趋势相反的特征,该降水特征主要由于强度偏弱的印度季风影响,且西南走向的降水带落在流域内。值得注意的是,我国降水受东亚季风影响较大,因此 EOF2 的方差贡献率大于 EOF3,即东南与西北趋势相反的特征更为显著。而 EOF4 反映了以黄土高原为中心的降水特征,且时间系数表明了在 20 世纪 70—90 年代,该特征表现较为显著,可能与该地区热岛效应有关,导致该时期降水偏强。黄土高原地区从 20 世纪 70 年代以来,城市发展较快,人口增长迅速,大规模的土地开发导致耕地变多、植被减少,下垫面特性发生显著变化。由于城市大气排放、居民生产活动、地表更易吸收辐射热等原因,导致该地区温度上升,出现大范围的热岛效应,局部降水偏多。

　　就温度而言,黄河流域温度 EOF 的前 2 个模态表现出了 92.57% 的总特征（见图 4-10）,其中 EOF1 的方差贡献率为 77.84%,表明流域以 EOF1 的空间特征为主,以

EOF2 特征为辅。根据 EOF1 分析结果,黄河流域温度变化具有全区一致的特点,温度变化幅度由东北向西南递减,即上游升温速率最高,中游高纬度地区、下游次之,中游低纬度地区最小,这与王有胜的结论较为一致。此外,在 EOF2 中,流域上游与中下游温度变化的趋势相反,中下游温度变化幅度由西北向东南逐渐增大,而上游则从西南向东北逐渐减小。根据对应模态的时间系数(见图4-11)可知,黄河流域在 1920 年前和 20 世纪 60—90年代呈现出全区偏冷的空间特征,到 20 世纪 60 年代后,这种特征更加明显,到 20 世纪 90年代末,全区温度逐渐升高,偏暖幅度增大,表明全区温度较 20 世纪 90 年代以前有显著的增温趋势。这一结论与黄建平等提出的 20 世纪 90 年代和 21 世纪初增温最为明显的结论一致,其中石嘴山—头道拐站区间的温度增幅最大,徐宗学等认为冬季气温升高是造成该地区整体气温上升的主要原因。PC2 则表明,20 世纪 70 年代以前,流域上游温度偏高,中下游温度偏低,且趋势相反,20 世纪 70 年代以后,流域以上游温度偏低、中下游温度偏高的特征为主,但与 EOF1 相比,该特征表现并不明显。

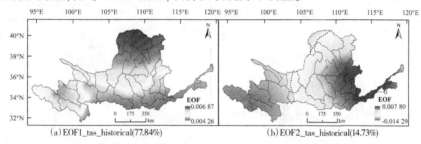

各图的 EOFi_tas_historical(贡献率/%)表示温度(tas)在历史时期(1901—2014 年)的第 i 模态(EOFi),括号内为该模态的贡献率;图(b)中的 0 分界线为特征值正负分界线。

图 4-10　1901—2014 年黄河流域年平均温度的前 2 个模态(EOF1~EOF2)分析

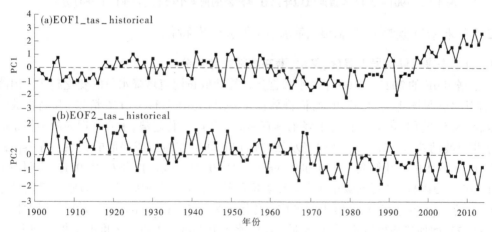

图 4-11　1901—2014 年黄河流域年平均温度的前 2 个模态(EOF1~EOF2)对应的时间系数(PC1~PC2)

　　潜在蒸散发 EOF 分解的前 4 个模态表现出了潜在蒸散发 4 种不同的空间特征(见图 4-12),其中 EOF1 占主导地位,其方差贡献率为 69.96%。EOF1 反映了黄河流域潜在蒸散发呈全区一致变化的趋势,其变化幅度由南向北递减。EOF2 反映了黄河流域潜在蒸散发变化呈南北相反的次要特征,而 EOF3 则表明石嘴山以上流域、流域东北部与石嘴山—头道拐区间和中下游地区变化趋势相反,EOF4 反映了中部地区温度与其他地区趋势相反的特征。根据对应时间系数(见图 4-13)可知,PC1 表明 20 世纪 60 年代以前,黄河流域全区潜在蒸散发偏多,20 世纪 60 年代以后则呈现全区蒸散发偏少的特征,且偏少更为明显,说明全区潜在蒸散发呈下降趋势。这一结论与童瑞所提出的 2007 年黄河流域潜在蒸散发量下降幅度越来越大,趋势更为显著的结论较为一致。而 PC2 ~ PC4 表明,在这些特征下,年际变化较大,表现为短期偏多或偏少的交替特征,具有明显的年际变化特征。

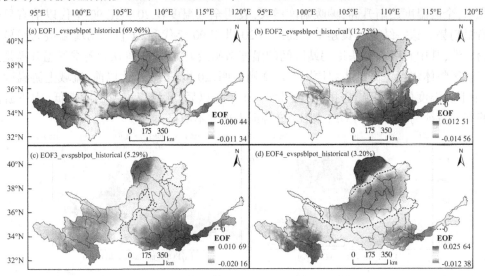

各图的 EOFi_ evspsblpot _historical(贡献率/%)表示潜在蒸散发(evspsblpot)在历史时期(1901—2014 年)的第 i 模态(EOFi),括号内为该模态的贡献率;图(b)(c)(d)中的 0 分界线为特征值正负分界线。

图 4-12 1901—2014 年黄河流域年潜在蒸散发的前 4 个模态(EOF1 ~ EOF4)分析

4.2.2 未来气候情景下温度、降水、潜在蒸散发特征

4.2.2.1 未来气候情景下温度、降水、潜在蒸散发趋势分析

根据 MME 的 2022—2100 年降水数据集计算获取黄河流域降水量的变化趋势。由降水时间序列(见图 4-14)分析可知,低排放情景 ssp1-2.6(简称 ssp126 情景)和高排放情景 ssp5-8.5(简称 ssp585 情景)下降水具有相似的年际变化趋势,主要表现为两种情景的降水相位波动基本一致,某些年份降水波峰出现时间存在滞后或提前的关系。在 ssp126 情景下,年降水的变化倾向率为 0.689 mm/a($P < 0.01$),线性拟合 R^2 为 0.12,说明该情景下 2022—2100 年黄河流域年降水呈显著增加趋势,这与王国庆、陈磊、歧雅菲等的结论一致;而在 ssp585 情景下,年降水的平均变化倾向率为 1.017 mm/a($P<0.01$),线性拟合 R^2 为 0.25,增加趋势也显著,同时说明了年降水上升幅度随着排放浓度的增加而加大。

同样通过降尺度后的黄河流域 2022—2100 年 MME 的温度数据计算获取其面上的年平均温度变化趋势,并通过温度时间序列(见图 4-15)分析发现,不同排放情景下黄河流域温度呈上升趋势,且增温幅度随着排放浓度的增加而增大,Wang 等在研究中也有类似的结论,但预测的增温幅度有差异。在 ssp126 情景下,流域年平均温度上升趋势显著,平均变化率为 0.01 ℃/a,在 2100 年达到 8 ℃以上。在 ssp585 情景下,年平均温度的年际平

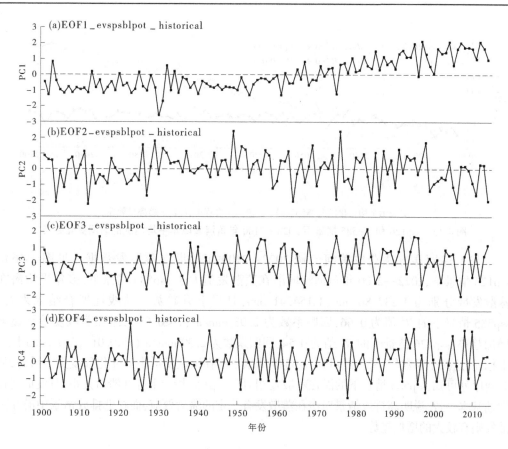

图 4-13　1901—2014 年黄河流域年潜在蒸散发的前 4 个模态(EOF1~EOF4)
对应的时间系数（PC1~PC4）

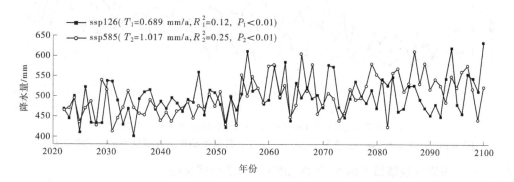

T 表示平均变化倾向率（mm/a）,R^2 表示拟合程度,P 表示趋势显著性。

图 4-14　ssp126、ssp585 情景下 2022—2100 年黄河流域年降水的时间变化趋势

均变化率为 0.07 ℃/a（$P<0.01$）,线性拟合 R^2 达到 0.98,说明年平均温度主要呈线性倾
向显著增加,在 2100 年达到 100 年内的最大值,为 12.87 ℃。

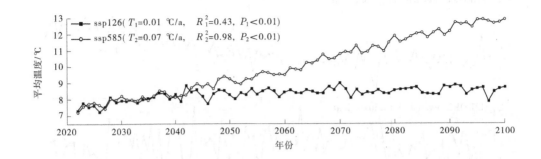

T 表示平均变化倾向率(℃/a),R^2 表示拟合程度,P 表示趋势显著性。

图 4-15   ssp126 和 ssp585 情景下 2022—2100 年黄河流域年平均温度的时间变化趋势

与上述同样方法获取黄河流域 2022—2100 年的潜在蒸散发数据（见图 4-16），ssp126 情景下,2022—2100 年黄河流域潜在蒸散发值大于 ssp585 情景下,多年平均潜在蒸散发量分别为 1 237.86 mm、1 154.41 mm,且呈上升趋势。从线性拟合结果来看,ssp585 情景下的 R^2 值为 0.66,回归系数为 2.93 mm/a（$P<0.01$）,潜在蒸散发量呈显著增加趋势;ssp126 情景下的 R^2 值为 0.54,回归系数为 2.39 mm/a（$P<0.01$）,与 ssp585 情景下相比,这两个系数较小,由此可知,ssp585 情景下潜在蒸散发量小但变化程度大。另外,从时间序列可知,ssp585 情景下的潜在蒸散发相对于 ssp126 情景下存在滞后关系,且波形变化周期基本一致,说明高排放情景对潜在蒸散发有一定的滞后效应,而在低排放情景中潜在蒸散发则有较大的增加趋势。

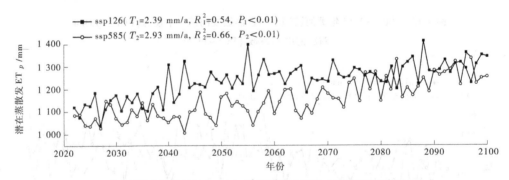

T 表示平均变化倾向率（mm/a）,R^2 表示拟合程度,P 表示趋势显著性。

图 4-16   ssp126 和 ssp585 情景下 2022—2100 年黄河流域年潜在蒸散发的时间变化趋势

4.2.2.2　未来气候情景下温度、降水、潜在蒸散发空间特征

与 1901—2014 年各变量 EOF 分析过程一致,对未来时期黄河流域温度、降水、潜在蒸散发的空间特征分析采取同样的方法。从 EOF 分解结果（见表 4-5)可以看出,不同排放情景下,降水量、温度和潜在蒸散发量的主要模态累积方差贡献率均较高,能够反映出各变量的主要空间特征。因此,以下主要针对不同排放情景下的降水量、温度和潜在蒸散发量 EOF 的模态进行分析。

表 4-5　未来气候情景下温度、降水、潜在蒸散发量 EOF 分解的主要模态贡献率

变量	变量简称	情景	模态序号	方差贡献率/%	累计方差贡献率/%	North 检验
降水量	pr	ssp126	1	55.48	55.48	通过
			2	16.35	71.83	通过
			3	9.68	81.51	通过
		ssp585	1	56.17	56.17	通过
			2	16.79	72.96	通过
			3	8.90	81.86	通过
温度	tas	ssp126	1	82.43	82.43	通过
			2	9.49	91.92	通过
		ssp585	1	99.00	99.0	通过
潜在蒸散发量	evspsblpot	ssp126	1	53.88	53.88	通过
			2	26.46	80.34	通过
		ssp585	1	63.76	63.76	通过
			2	18.34	82.10	通过

由 ssp126、585 情景下降水 EOF 的前 3 个模态(见图 4-17)可知,在 ssp126 情景下, EOF1 的方差贡献率为 60.16%,该模态为黄河流域降水空间分布的主要特征,其特征值均为正,反映了全区降水一致的变化趋势,与历史时期降水特征一致,且降水变化幅度由西北向东南递增。EOF2、EOF3 则分别反映了南北、东西相反的分布特征,EOF4 则反映了中部地区与其他区域的相反特征,也与历史时期的其他模态较为相似,表明未来降水与历史降水空间分布特征类似,但趋势分界线具有偏移现象。根据时间系数(见图 4-18)可知,PC1 表明在 21 世纪 20 年代至 50 年代中期,黄河流域呈全区降水偏少的特征,而 21 世纪 60 年代后,流域全区降水偏多年份较多,同时表明黄河流域全区降水量呈增加趋势。 PC2 和 PC3 表明,南北、东西降水趋势相反的特征分布在不同时段的个别年份,且无明显趋势走向。

在 ssp585 情景下,流域降水量也呈现出三种主要的空间分布形态,EOF1 与 ssp126 情景的对应主模态基本一致,区别在于下游地区降水的变化幅度大于 ssp126 情景。而 EOF2 则呈现西北—东南方向相反的空间分布特征,与 ssp126 情景下 EOF2 的南北分布相一致,EOF3 表现出东北—西南型分布特征。结合时间系数分析可知,PC1 表明,在 21 世纪 60 年代前,黄河流域全区降水偏少,到 21 世纪 60 年代后,全区降水偏少,且变化幅度增大。PC2 和 PC3 表明,黄河流域降水在 2063 年、2070 年、2080 年出现较为明显的东南—西北型分布特征,在 2096 年出现东北偏少、西南偏多的特征。

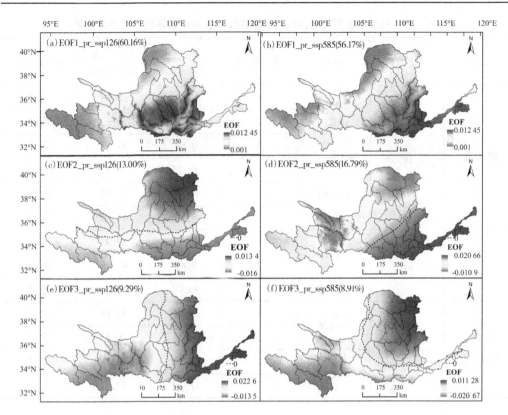

各图的 EOFi_ pr _ssp126/585（贡献率/%）表示降水（pr）在 ssp126/585 情景下的
第 i 模态（EOFi），括号内为该模态的贡献率；图（c）（d）（e）（f）中的 0 分界线为特征值正负分界线。

图 4-17　ssp126［（a）（c）（e）］和 ssp585［（b）（d）（f）］
情景下 2022—2100 年黄河流域降水空间场 EOF 的主要模态

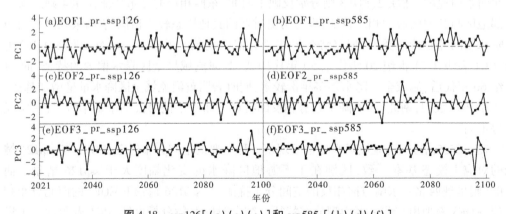

图 4-18　ssp126［（a）（c）（e）］和 ssp585［（b）（d）（f）］
情景下 2022—2100 年黄河流域降水空间场 EOF 的主要模态对应的时间系数（PC1～PC3）

由 ssp126、ssp585 情景下温度 EOF 的主要模态（见图 4-19）可知，在 ssp126 情景下，
黄河流域温度 EOF1 的方差贡献率为 82.43%，占主要作用，EOF2 的方差贡献率为
9.49%。EOF1 特征值均为正，北部特征值大于南部，说明流域温度变化趋势一致，北部温

度变幅大于南部。EOF2 则反映了流域下河沿以上流域与中下游地区温度趋势相反的次要特征。根据时间系数(见图 4-20)可知,在 21 世纪 50 年代前黄河流域全区温度偏冷,到 50 年代后全区温度偏热,在 2026 年、2046 年等部分年份,流域呈现较为明显的下河沿以上流域与中下游地区温度趋势相反特征。在 ssp585 情景下,温度的 EOF1 的方差贡献率达 99%,与总变化趋势一致。EOF1 特征值均为正,黄河流域气温变化趋势一致,不同于 ssp126 情景温度的 EOF1,黄河源区和北部地区温度变幅最大。由时间系数可以看出,PC1 表明黄河流域温度具有明显的升高趋势,2060 年以前,黄河流域全区偏冷,到 2060 年以后,全区偏暖,且偏冷期与偏暖期分明,即黄河流域整体气温一致地升高,这与全球变暖有关。

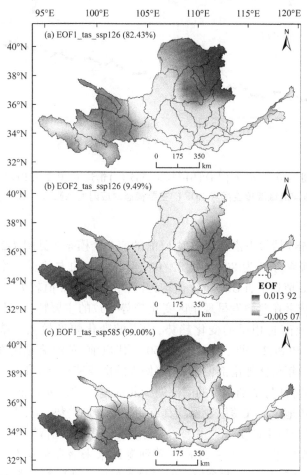

各图的 EOF*i*_ tas _ssp126/585 (贡献率/%)表示温度 (tas) 在 ssp126/585
情景下的第 *i* 模态 (EOF*i*),括号内为该模态的贡献率;图(b)中的 0 分界线为特征值正负分界线。

图 4-19　ssp126 [(a)(b)]和 ssp585 (c)情景下
2022—2100 年黄河流域温度空间场 EOF 的主要模态

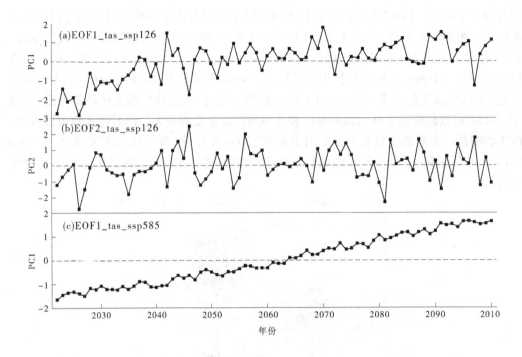

图 4-20　ssp126 [（a）（b）] 和 ssp585（c）情景下 2022—2100 年
黄河流域温度空间场 EOF 的主要模态对应时间系数（PC_1、PC_2）

由 ssp126、ssp585 情景下潜在蒸散发 EOF 的前 2 个模态（见图 4-21）可知,这 2 个模态的方差累积贡献率分别为 80.34%、82.1%,且 EOF1 的方差贡献率分别占 53.88%、63.76%。在 ssp126 情景下,EOF1 特征值均为正,中下游特征值较大,而兰州以上流域则较小,表明黄河流域潜在蒸散发呈现全区变化趋势一致的主要特征,且中下游变幅较大。EOF2 则反映出流域南北相反的变化趋势,中下游变化幅度较大。结合时间系数（见图 4-22）可知,PC1 和 PC2 表明,在 21 世纪 50 年代以前,黄河流域潜在蒸散发量呈现全区偏少的特征,个别年份伴随南部偏多、北部偏少的次要特征,50 年代以后呈现出较多年份全区偏多的主要特征与个别年份的南部偏少北部偏多的次要特征,且偏多年份较为连续,表明黄河流域各地区潜在蒸散发量均具有明显的增加趋势。陈钟望研究发现,潜在蒸散发量的未来趋势与历史趋势完全相反,在全国范围内呈上升趋势。李云凤也发现,在 RCP4.5 和 RCP8.5 情景下,2019—2100 年黄河源区未来潜在蒸散发均呈现显著的上升趋势。此外,在 ssp585 情景下,两个模态的空间分布与 ssp126 情景类似,且空间特征变化更为明显。

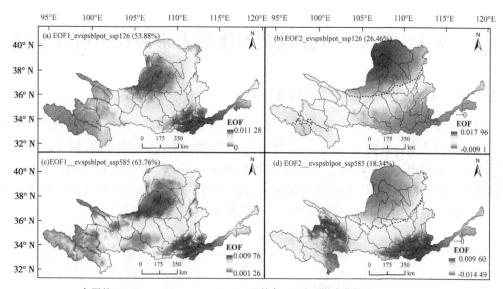

各图的 EOFi_ evspsblpot_ssp126/585（贡献率/%）表示潜在蒸散发（evspsblpot）

在 ssp126/585 情景下的第 i 模态（EOFi），括号内为该模态的贡献率；图（b）（d）中的 0 分界线为特征值正负分界线。

图 4-21 ssp126[（a）（b）]和 ssp585[（c）（d）]情景下 2022—2100 年

黄河流域潜在蒸散发空间场 EOF 的主要模态

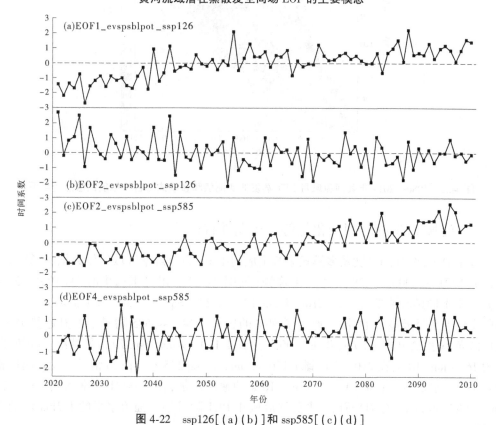

图 4-22 ssp126[（a）（b）]和 ssp585[（c）（d）]

情景下 2022—2100 年黄河流域潜在蒸散发空间场 EOF 的主要模态对应时间系数 PC

4.3　基于 Hargreaves 公式黄河流域未来潜在蒸散发模拟

4.3.1　区域潜在蒸散发的模拟精度评估

以黄河流域 1980—2014 年地面气象站点月蒸发皿观测数据 PET_{pan} 为自变量,以对应站点处多模式集合数据及 Hargreaves 公式模拟得到的 PET_{Har} 为因变量,构建流域潜在蒸散发散点密度图(见图 4-23)。在月际尺度上,Hargreaves 公式虽整体上存在对 PET 的低估现象,但对计算未来气象观测数据缺失条件下的月度 PET 仍具有很大的参考价值($R^2=0.74$),故可由 Hargreaves 公式进行未来潜在蒸散发的模拟研究。

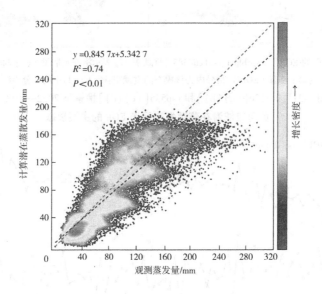

图 4-23　1980—2014 年黄河流域月 PET 蒸发皿实测值和多模式集合模拟值的散点密度图

4.3.2　流域 PET 的时间变化趋势及周期性特征

基于 Delta 统计降尺度及多模式集合生成的 1 km 高分辨率区域气候数据,估算出黄河流域 1901—2100 年 PET 年度变化趋势(见图 4-24)。相对于历史时期(1901—2014年),未来不同排放情景(2022—2100 年;ssp126、ssp245、ssp370、ssp585)下流域年 PET 在时间变化上都呈极显著上升,均通过了 99% 的置信检验。ssp585 情景下上升趋势最大,气候倾向率达 22.9 mm/10 a,并在 2100 年达到 1 170.39 mm;ssp370 情景其次,气候倾向率为 16.6 mm/10 a,在 2100 年达到 1 120.42 mm;而 ssp245 和 ssp126 情景下变化趋势相对较小,分别以 10.4 mm/10 a、3.3 mm/10 a 的速度增加,在 2100 年分别达到 1 062.71 mm 和 987.68 mm。总的来看,未来黄河流域年 PET 随着辐射强迫水平的上升而增加速度越快。

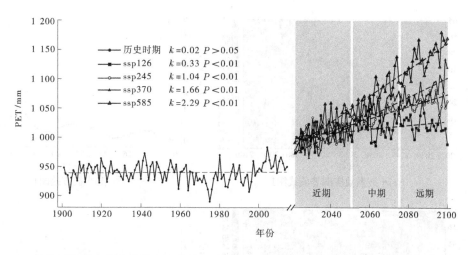

图 4-24　黄河流域潜在蒸散发量在历史时期(1901—2014 年)、未来不同排放情景(2022—2100 年：ssp126、ssp245、ssp370、ssp585)下年际变化特征(k 为对应时期拟合线斜率，P 为显著性指标)

为了更好地了解流域 PET 的时间变化特征，本书利用 Morlet 小波分析法分析了黄河流域 PET 在未来 4 种排放情景下的周期性变化。由图 4-25 可知，ssp126 情景下，黄河流域 PET 小波方差图存在 3 个较为明显的高峰，分别对应着 52 年、35 年和 8 年的时间尺度，以 52 年左右为周期的振荡最为明显，在该时间尺度下，流域 PET 存在着 34~38 年的周期变化规律；ssp245 情景下，黄河流域 PET 以 53 年左右为周期的振荡最为明显，在该时间尺度下，流域 PET 存在着 34 年左右的周期变化规律；ssp370 情景下，黄河流域 PET 以 60 年左右为周期的振荡最为明显，在该时间尺度下，流域 PET 存在着 39 年左右的周期变化规律；ssp585 情景下，黄河流域 PET 以 48 年左右为周期的振荡最为明显，在该时间尺度下，流域 PET 存在着 27~32 年的周期变化规律。

4.3.3　流域 PET 的空间演变特征

对黄河流域 2022—2100 年未来 4 种排放情景下 PET 进行 EOF 分析，提取其主要空间分布特征，并通过 North 检验其模态显著性，结果见表 4-6、图 4-26、图 4-27。由表 4-6 可知，spp126 情景下 PET 前 3 个模态通过 North 检验，累积方差贡献率达到 88.68%；spp245 情景下 PET 前 2 个模态通过 North 检验，累积方差贡献率达 90.18%；spp370 情景下 PET 前 2 个模态通过 North 检验，累积方差贡献率达 94.32%；spp585 情景下 PET 第 1 个模态通过 North 检验，累积方差贡献率达 93.55%。

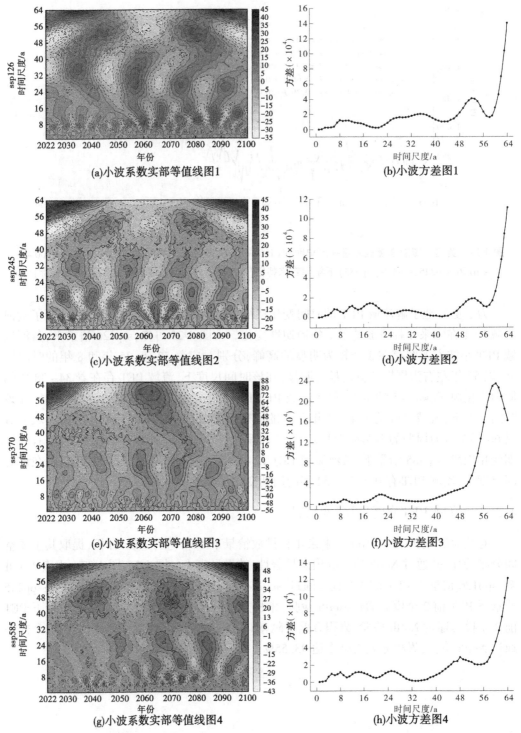

(a)小波系数实部等值线图1

(b)小波方差图1

(c)小波系数实部等值线图2

(d)小波方差图2

(e)小波系数实部等值线图3

(f)小波方差图3

(g)小波系数实部等值线图4

(h)小波方差图4

图 4-25　黄河流域 PET 在未来 4 种排放情景(ssp126、ssp245、ssp370、ssp585) 下的小波分析,
包括小波系数实部等值线图[(a) (c) (e) (g)]和小波方差图[(b) (d) (f) (h)]

表 4-6　未来气候情景下潜在蒸散发 EOF 分解的主要模态及贡献率

气候情景	对应模态	方差贡献率/%	累计方差贡献率/%	North 检验
spp126	EOF1	68.12	68.12	通过
	EOF2	13.51	81.63	通过
	EOF3	7.05	88.68	通过
spp245	EOF1	81.75	81.75	通过
	EOF2	8.43	90.18	通过
spp370	EOF1	89.85	89.85	通过
	EOF2	4.47	94.32	通过
spp585	EOF1	93.55	93.55	通过

spp126 情景下,黄河流域 PET 的第 1EOF 模态(EOF1)为正值,反映全区 PET 具有空间一致的变化趋势,且表现为从西北向东南方向递增的态势,说明黄河流域下游 PET 增加更为明显[图 4-26(a)];解释 20.56% 的 EOF2、EOF3 反映 PET 西北与东南趋势相反、北部与南部趋势相反的次要空间特征[见图 4-26(b)、图 4-26(c)];结合时间系数[见图 4-27(a)],PC1、PC2 变化趋势大致相同,2022—2100 年基本呈增加趋势,特别是在 21 世纪 50 年代后 PC1、PC2 始终保持正值,说明这段时间 PET 始终保持高位,PC3 围绕 0 值波动,反映 PET 无显著变化趋势。spp245、spp370 情景下,流域 PET 的 EOF1 特征值均为正,分别表现为上中游特征值较大,下游特征值较小以及中部、西部特征值较大,北部、东部特征值较小的空间趋势[见图 4-27(d)、图 4-27(f)];EOF2 特征值均表现为西北部为正,其他部分为负的次要空间趋势,整个流域上游源区附近 PET 增加幅度相对较大,南部 PET 减小幅度相对较大;结合时间系数[见图 4-27(b)、图 4-27(c)],spp245 和 spp370 情景下,2022—2100 年 PC1、PC2 基本呈增加趋势,且 PC1 增加趋势大于 PC2,特别是在 21 世纪 60 年代后 PC1、PC2 始终保持正值,说明这段时间 PET 始终保持高位。spp585 情景下流域 PET 的 EOF1 分布类似于 spp245 情景下 EOF1 分布[见图 4-27(h)],时间系数 PC1[见图 4-27(d)]呈增加趋势,表明流域 PET 呈增加趋势且 21 世纪 60 年代后 PET 偏大明显。

由 21 世纪近期、中期和远期黄河流域不同排放情景下年 PET 相对历史时期的空间变化分布(见图 4-28)可以看出,在年尺度上,黄河流域近期年 PET 的增量普遍偏低,并且在 ssp370 情景下,位于黄河下游的山东部分地区 PET 变化率为负值,低至 -5.58%;中期和后期各情景下,PET 变化率在全流域范围内都逐渐增大,PET 变化较大的区域主要集中在黄河源区和流域北部部分地区,而在下游地区 PET 变化率较低,PET 的变幅在空间上表现为西部大、东部小的分布特征。随着辐射强迫情景的提高,PET 增幅愈加显著,在

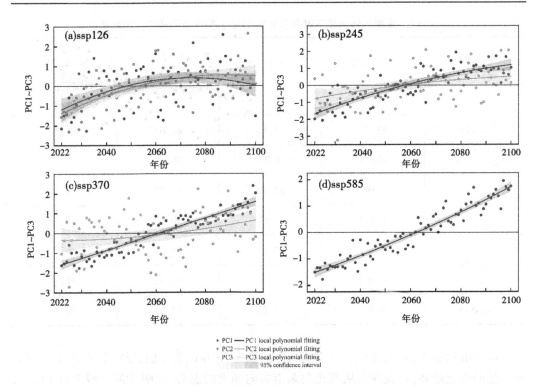

图 4-26　黄河流域未来 PET 在 4 种排放情景(ssp126、ssp245、ssp370、ssp585) 下 EOF
分析的主成分时间系数(PC1~PC3) 及其 95% 置信水平局部多项式拟合

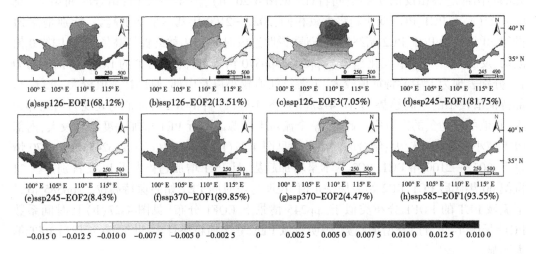

各图的 ssp126/245/370/585- EOFi(贡献率/%) 表示 PET 在 ssp126/245/370/585 情景下的第 i 模态 (EOFi) ,
括号内为该模态的贡献率;图(b)(c)(e)(g) 中的红色虚线为特征值正负分界线。
图 4-27　spp126[(a)(b)(c)]、ssp245[(d)、(e)]、SSP370[(f)(g)]及
ssp585 (h) 情景下 2022—2100 年黄河流域 PET 空间场 EOF 的主要模态

ssp126 情景下,黄河流域 PET 增幅在 -2.82% ~ 51.12% ; ssp245 情景下,流域 PET 增幅在 -1.99% ~ 68.08% ; ssp370 情景下,流域 PET 增幅在 -5.58% ~ 87.00% ; ssp585 情景下,流域 PET 增幅在 -0.96% ~ 109.07%,最大变幅 109.07% 出现在 ssp585 情景下未来远期的黄河流域西部地区。

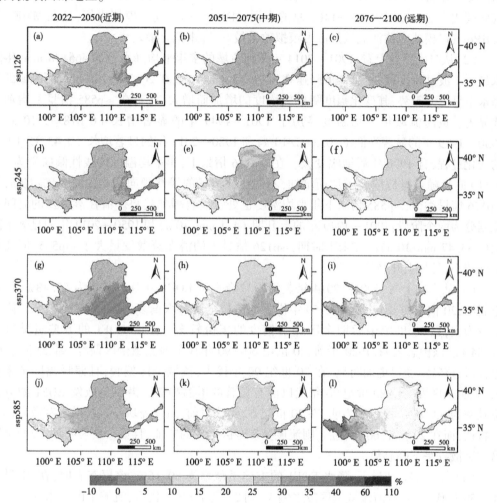

**图 4-28　4 种 ssp 情景(ssp126、ssp245、ssp370、ssp585) 下,
黄河流域未来近期[(2022—2050 年,(a) (d) (g) (j)]、未来中期[2051—2075 年,
(b) (e) (h) (k)]、未来远期[(2076—2100 年,(c) (f) (i) (l)]
年 PET 相对于历史时期(1901—2014 年)的空间变化**

4.4　本章小结

本章将不同插值方法与 Delta 降尺度相结合,对黄河流域的月平均气温、月降水量、月潜在蒸散发量等气候模式进行了降尺度分析,并通过 4 种不同评价指标验证其模拟精

度,最后根据最优多模式集合模式,对 3 个变量的时空特性进行了分析。主要成果如下:

(1)根据 MAE、TS、S 和 SS 这 4 个指标,对黄河流域月平均温度拟合最佳的气候模式有 CESM2-WACCM、NorESM2-LM、ACCESS-CM2,对月降水量模拟较好的气候模式有 ACCESS-ESM1-5、CESM2-WACCM、IPSL-CM6A-LR,而对月潜在蒸散发量拟合较优的气候模式为 EC-Earth3-Veg-LR。总的来说,MME 比单一气候模拟更好,且在 MME 下,CMIP6 气候模式对黄河流域月温度模拟效果最好,降水拟合最差。

(2)从时间序列上看,1901—2014 年黄河流域的多年平均降水量为 465.78 mm,年降水量上下波动幅度较大,总体下降速率为 -1.45 mm/10 a,在 2022—2100 年黄河流域的年降水量呈上升趋势,其变化幅度随排放浓度的增加而增大,尤其在 ssp585 情景下增加趋势显著。黄河流域年平均温度经历了 1901—1949 年的显著增长(0.078 ℃/10 a)、1950—1979 年的显著降低(-0.3 ℃/10 a)和 1980—2014 年的显著增长(0.43 ℃/10 a)的变化过程,且 1996 年后增幅变大。在 ssp126 情景下,年平均温度的线性倾向率为 0.1 ℃/10 a,且随着排放浓度增加而增加,不同排放情景的线性倾向率相差 0.2 ℃/10 a,与 ssp126 情景类似,ssp585 情景下年平均温度也处于显著增加趋势。潜在蒸散发的时间变化划分为两个阶段:1901—1949 年的上升期(4.1 mm/10 a)和 1950—2014 年的显著下降期(-33.47 mm/10 a)。在未来时期,ssp126 情景下的潜在蒸散发量大于 ssp585,但变化幅度较小,且呈上升趋势。

(3)从空间上看,1901—2014 年黄河流域降水量 EOF1 方差贡献率为 55.48%,该模态表明,20 世纪初、20 世纪 20—50 年代黄河流域全区降水偏多,其他年份则以全区降水偏少为主,且 20 世纪中后期全区降水偏少的年份较多。温度 EOF1 的方差贡献率为 77.84%。该模态表明,1920 年前、20 世纪 60—90 年代黄河流域全区偏冷,到 20 世纪 60 年代后,该特征变得更加明显,在 20 世纪 90 年代末,流域全区偏暖,且偏暖幅度越来越大,表明全区温度较 20 世纪 90 年代以前有显著的增温趋势。潜在蒸散发 EOF1 的方差贡献率为 69.96%,该模态表明,在 20 世纪 60 年代以前,黄河流域呈全区潜在蒸散发偏多的特征,而在 20 世纪 60 年代后,则流域呈现全区偏少的特征,且偏少更为明显,说明全区潜在蒸散发呈下降趋势。

(4)在 ssp126 情景下,降水 EOF1 的方差贡献率为 60.16%,该模态表明,在 21 世纪 20—50 年代中期,黄河流域全区降水偏少,到 21 世纪 60 年代后,流域全区降水偏多年份较多。温度 EOF1 的方差贡献率为 82.43%。该模态表明,在 21 世纪 50 年代前黄河流域全区偏冷,到 50 年代后全区偏热,在 2026 年、2046 年等部分年份,流域呈现下河沿以上流域与中下游地区温度趋势相反的特征。在 21 世纪 50 年代以前,黄河流域潜在蒸散发全区偏少,个别年份具有较为明显的南部偏多、北部偏少的次要特征,到 50 年代以后,流域呈现全区偏多的主要特征与个别年份南部偏少、北部偏多的次要特征,且偏多年份较为连续。而在 ssp585 情景下,降水 EOF1 的方差贡献率为 60.16%,其变化过程与 ssp126 情景基本一致。温度 EOF1 的方差贡献率为 99%,该模态表明,2060 年以前黄河流域全区偏冷,到 2060 年以后,全区偏暖,且偏冷期与偏暖期分明。在 ssp585 情景下,两个模态的空间分布与 ssp126 情景类似,且空间特征变化更为明显。

第 5 章　植被覆盖度时空变化及驱动因子研究

植被是生态系统中重要的组成部分,也是生态环境质量的主要指标之一,对改善生态环境、减少水土流失等方面发挥着重要作用。而黄河流域位于我国干旱半干旱区,气候变化较为敏感,加之人类活动愈发频繁,不同地区植被覆盖度发生显著改变。因此,为了更好地理解流域植被动态变化过程,研究黄河流域植被覆盖度演变特征及其对气候变化和人类活动的响应具有重要意义。

本章首先根据 1982—2015 年黄河流域的逐月植被覆盖度数据集,采用 4 项评价指标对研究区内 3 个全球气候模式降尺度的月植被覆盖度数据集进行评估验证,并通过对比,筛选出适合研究区植被覆盖度降尺度过程的插值方法以及对研究区未来时期植被覆盖度模拟最好的气候模式。其次,以 CMIP6 降尺度资料为基础,对黄河流域不同时期的植被覆盖度进行研究。最后,利用 Maxent 模型和 SVD 模型深入研究各时期影响地区植被覆盖度变化的驱动因子。

5.1　不同气候情景下植被覆盖度时空特征

5.1.1　降尺度结果评估

由于模拟全球植被覆盖度的气候模式较少,本书只考虑 3 种可行度较高的气候模式用于黄河流域植被覆盖度的评估研究。首先,以 1982—2015 年 GIMMS NDVI 3 种资料为基础,通过像元二分模型计算获取对应时间段的月植被覆盖度;其次,以 1995—2014 年为基准期,计算基准期内 1—12 月多年植被覆盖度平均值,利用 Delta 降尺度对 3 种气候模式进行区域降尺度;最后,以 1982—1997 年为验证期,根据 4 项评价指标对该时段观测值与降尺度模拟的植被覆盖度进行误差检验,优选出适用于黄河流域植被覆盖度分析的气候模式。

从表 5-1 中可以看出,3 种气候模式在 MAE、SS、S、TS 评价下均有不同表现。植被覆盖度的观测与模拟的 MAE 在 0.1 左右,SS 在 0.5 以上,S 为 0.79~1,TS 为 0~0.13。根据 4 项评价指标的评价标准可知,这 3 种气候模式的 MAE 变化不大,SS 比较接近 1,说明植被覆盖度模拟空间场与观测场相似,而 S 和 TS 均分别接近 1 和 0,其性能级别也较高,表明这 3 种气候模型能够较好地模拟黄河流域的植被覆盖程度,且可靠性较高。而在这 3 种气候模式中,GFDL-ESM4 在 4 种评价指标中均表现最优,MAE、SS、S、TS 分别为 0.083 6、0.759 0、0.999 9、0.000 2,GFDL-ESM4 对黄河流域植被覆盖度模拟较好,因此选取 GFDL-ESM4 进行黄河流域植被覆盖度变化分析。

表 5-1　降尺度气候模式对黄河流域月植被覆盖度的拟合误差评价

气候模式	MAE	SS	S	TS
EC-Earth3-Veg	0.083 6	0.757 2	0.925 7	0.042 8
GFDL-ESM4	0.083 6	0.759 0	0.999 9	0.000 2
EC-Earth3-Veg-LR	0.113 3	0.568 4	0.792 7	0.123 2

　　根据 1982—1997 年实测和气候模式模拟黄河流域月植被覆盖度散点分布图（见图 5-1），可以发现，实测值和模拟植被覆盖度的 R^2 达到 0.84，可以看出气候模式与实际月植被覆盖度的一致性较高，通过了显著性检验（$P< 0.01$），回归系数为 0.92，整体上气候模式的植被覆盖度数据比地面观测的偏小。

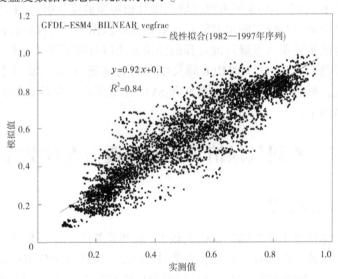

图 5-1　Kriging 插值下 1982—1997 年观测和气候模式模拟黄河流域月植被覆盖度（vegfrac）散点图

5.1.2　当前、未来气候情景下植被覆盖度时空特征

5.1.2.1　当前气候情景下植被覆盖度时空特征

　　根据 GFDL-ESM4 气候模式的 1901—2014 年植被覆盖度变化趋势，将其划分为 1901—1961 年、1962—1996 年、1996—2014 年这 3 个时期，经历显著上升—显著下降—显著上升过程（见图 5-2）。1901—1961 年，多年平均植被覆盖度为 0.56，标准差为 0.02，平均变化率为 0.007 6/10 a（$P < 0.01$），最大值为 0.59，出现在 1950 年，最小值为 0.53，出现在 1916 年。1962—1996 年，植被覆盖度具有明显的下降趋势，平均变化率为 -0.027/10 a（$P< 0.01$），多年平均植被覆盖度为 0.55，标准差为 0.03，最大值出现在 1970 年，植被覆盖度为 0.60，最小值为 0.50，出现在 1996 年，总体呈明显下降趋势。1997—2014 年，植被覆盖度以 0.014/10 a（$P < 0.01$）的变化率持续增长。20 世纪 60 年

代以前,人类干预较少,而气候变化是造成植被自然增长的主要原因之一。20 世纪 60 年代以后,随着黄河流域城市化、工业化进程的加快及人口的不断增长,导致城市地区的植被破碎化并逐渐消失。张佰发等的研究结果表明,1970—1995 年土地利用转型模式表现为草地主要的流向为未利用土地和耕地,植被覆盖度趋于减小,而 1995—2015 年耕地主要转化成林地和草地,且随着 1998 年退耕还林还草政策的实施,植被得到不断恢复,植被覆盖度持续增加。

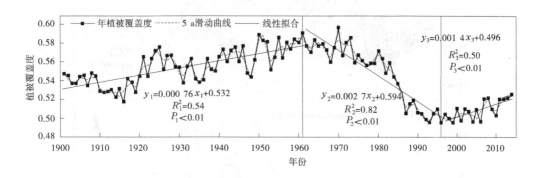

图 5-2 1901—2014 年黄河流域的年植被覆盖度时间变化趋势

利用 EOF 法将 1901—2014 年植被覆盖度分解为 3 个主要模态(见图 5-3),其方差累积贡献率为 88.67%,其中 EOF1 的方差贡献率为 64.19%,而 EOF2~EOF3 的方差贡献率分别为 18.04%、6.44%,为流域植被覆盖度的次要特征。EOF1 反映了黄河源区西部地区及石嘴山—头道拐区间北部变化趋势与中下游地区相反的主要特征,且中游地区变化幅度最大,下游次之,上游最小,张静等也提出过一致的结论。EOF2 则反映了黄河源区以东、头道拐—龙门东部地区、渭河下游、北洛河、泾河、无定河、高山村以下流域与其他地区植被覆盖度变化趋势相反的特征。EOF3 的结果表明,黄土高原和黄河源区西部地区植被覆盖度与其他地区呈相反趋势。

结合时间系数(见图 5-4)可知,黄河流域植被覆盖度在不同时期的表现特征是不同的。PC1 表明,在 20 世纪 20—80 年代,黄河流域中下游地区植被覆盖度偏大,石嘴山—头道拐和黄河源区西部地区则偏小,80 年代以后黄河中下游植被覆盖度相对较低,且呈先增后减的趋势,这与中下游地区 80 年代城市化的快速发展和 90 年代的退耕还林实施有关。而黄河源区西部地区植被覆盖度则偏大,强度先增后减。马守存等研究也表明,20 世纪 80 年代黄河源区的植被覆盖度总体呈缓慢上升、局部退化的趋势,"先增后降"的年际变化特征明显,符合上述结论。PC2 结果表明,除主要特征外,黄河源区以东、头道拐—龙门东部地区、渭河下游、北洛河、泾河、无定河、高山村以下流域的植被覆盖度在 20 世纪 50 年代以前偏多,在 50 年代则偏少,该模态特征在 60—80 年代偏少较为明显。这一结论可解释为 20 世纪 60—80 年代这些地区城市发展速度比其他地区快,如城市建设、土地耕种等人类活动导致植被覆盖度下降。而 PC3 则反映了该模态特征在 20 世纪 80 年代以前较为明显,80 年代以后,黄土高原地区植被覆盖度偏多,其他地区偏少。但该特征对总趋势的贡献较小,20 世纪 80 年代以后,模态特征逐渐减弱,流域以 EOF1 特征为主。

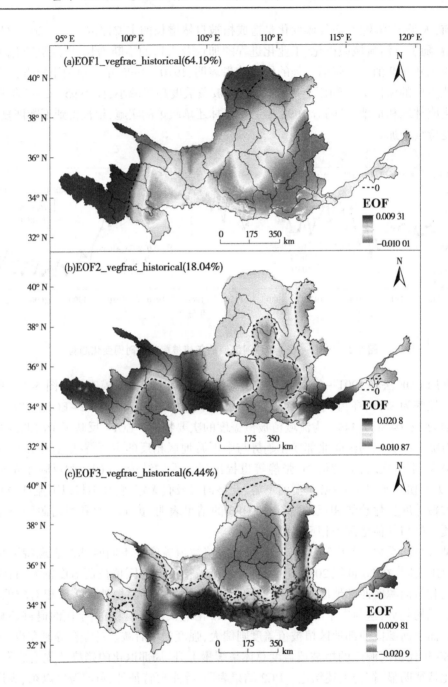

各图的 EOFi_vegfrac_historical（贡献率/%）表示植被覆盖度（vegfrac）在历史时期（1901—2014）下的第 i 模态（EOFi），括号内为该模态的贡献率；图（a）（b）（c）中的 0 分界线为特征值正负分界线。

图 5-3　1901—2014 年黄河流域植被覆盖度空间场 EOF 的主要模态（EOF1~EOF3）

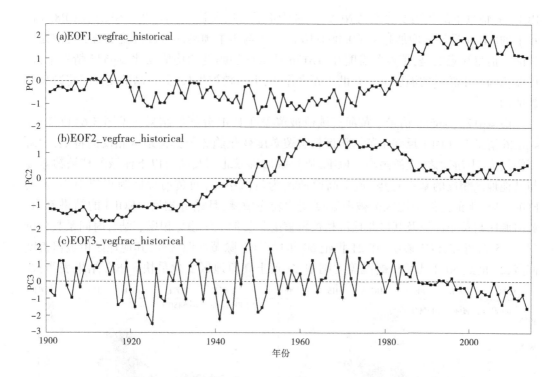

图 5-4　1901—2014 年黄河流域植被覆盖度空间场 EOF 的主要模态对应时间系数(PC1～PC3)

5.1.2.2　未来气候情景下植被覆盖度时空特征

不同情景下植被覆盖度变化有明显的差异（见图 5-5）。在 ssp126 情景下,多年平均植被覆盖度为 0.61,标准差为 0.04,年际平均变化率为 0.001 4/a（$P < 0.01$）,R^2 值为 0.72,线性拟合程度较好,表明未来 80 年内植被覆盖度呈显著上升趋势。在 ssp585 情景下,植被覆盖度增长速度低于 ssp126 情景,多年平均植被覆盖度为 0.56,平均变化率为 0.000 86/a（$P < 0.01$）,R^2 值为 0.84,线性拟合程度较好,植被覆盖度也呈显著上升趋势,但变化率仅为 ssp126 的 1/20 左右,相差较大。

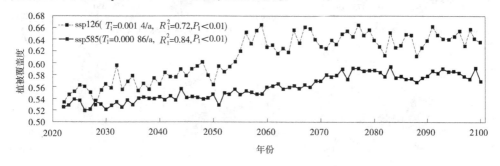

T 表示平均变化倾向率,R^2 表示拟合程度,P 表示趋势显著性。

图 5-5　ssp126 和 ssp585 情景下 2022—2100 年黄河流域年植被覆盖度时间变化趋势

薛海源认为,我国 84% 的植被在 2081—2100 年处于增加趋势。黄文君也曾提出,

RCP2.6 情景下的我国西北地区 NDVI 呈现为不显著增大趋势 ($1×10^{-5}$/10 a),RCP8.5 情景下的 NDVI 呈显著增加趋势 (0.003/10 a)。这与本书预测的植被覆盖度增加现象是一致的。值得注意的是,植被覆盖度在 ssp126 情景增加幅度和均值均比 ssp585 情景下大,可能原因在于较低的温度上升有助于光合作用,促进植被生长,而较高的变暖率将减少植被活动。

由 ssp126、ssp585 情景下黄河流域植被覆盖度 EOF 分解的结果 (见图 5-6) 可知,在 ssp126 情景下,EOF1 反映了黄河源区植被覆盖度变化趋势与其他地区相反的特征,中游变幅最大,下游次之,上游最小。EOF2 则反映出流域北部及高村以下流域的植被覆盖度与其他地区相反的基本趋势,黄土高原地区为负值中心,而黄河源区为正值中心,表明 EOF1 特征下的这两个地区植被覆盖度变化较为敏感,且趋势相反。EOF3 的结果表明,黄河源区与黄土高原及其以北地区植被覆盖度与其他地区趋势相反。结合时间系数分析 (见图 5-7) 可知,PC1 表明,在 21 世纪 60 年代以前,除黄河源区外,其他地区植被覆盖度偏多,21 世纪 60 年代后植被覆盖度则偏多,黄土高原地区变化最快。PC2 结果表明,在

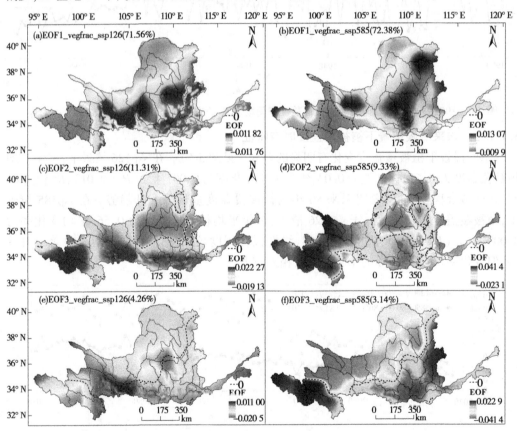

各图的 EOFi_ vegfrac _ssp126/585 (贡献率/%) 表示植被覆盖度 (vegfrac) 在 ssp126/585 情景下的第 i 模态 (EOFi),括号内为该模态的贡献率;各图中的 0 分界线为特征值正负分界线。

图 5-6　ssp126 [(a)(c)(e)] 和 ssp585 [(b)(d)(f)] 情景下 2022—2100 年黄河流域植被覆盖度空间场 EOF 的主要模态

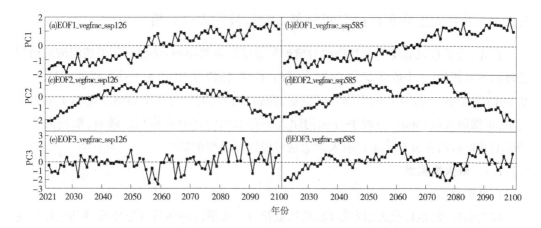

图 5-7　ssp126 [（a）（c）（e）]和 ssp585 [（b）（d）（f）]情景下
2022—2100 年黄河流域植被覆盖度空间场 EOF 的主要模态对应时间系数（PC1~PC3）

21 世纪 20 年代和 90 年代，黄土高原及其北部地区和高村以下流域植被覆盖度偏大，其他地区则偏小。PC3 表明，21 世纪 50 年代以前，该模态特征在流域上表现不明显，在 21 世纪 50—70 年代，流域具有黄河源区和黄土高原及其以北地区植被覆盖度偏多，其他地区偏少的次要特征，70 年代以后空间分布趋势则相反。

在 ssp585 情景下，前 2 个模态的空间特征和对应时间系数与 ssp126 情景较为类似。EOF1 反映了大通河、湟水河、黄河源区东部地区与其他地区植被覆盖度变化趋势相反，中游变化最大，下游次之，上游最小。EOF2 则反映了黄土高原北部、东部和下游地区与其他地区趋势相反的基本分布特征。第 3 模态则反映出贵德—龙门区间地区植被覆盖度与其他地区相反的特征。结合时间系数可知，PC1 表明，在 21 世纪 60 年代以前，除大通河、湟水河、黄河源区东部地区外，其他地区植被覆盖度偏少，在 60 年代后则偏多，其他变化与 ssp126 的第 1 模态相同。PC2 也与 ssp126 的第 2 模态趋势基本一致，表明无论在哪种情景下，这两种模态特征均为流域的基本特征，均以 EOF1 特征为主，但不同情景下，趋势分界线有局部的迁移现象。而 EOF3 则不同，在 ssp585 情景下，该特征具有明显的年际变化趋势，尤其在 21 世纪 20 年代、70 年代，贵德—龙门区间地区植被覆盖度偏多、其他地区偏少的特征在流域上表现较为明显。

5.2　植被覆盖度影响因素分析

在分析黄河流域植被覆盖度时空变化规律的基础上，为了进一步探究植被覆盖度对气候变化和人类活动的响应，本书分别通过构建 Maxent 模型和 SVD 模型分析不同地区影响植被覆盖度的主导因子。

5.2.1　主要人工乔木植被空间分布影响植被覆盖度分析

首先,为了直观地反映人类活动对植被覆盖度的重要影响,结合近年来黄河流域植树造林的主要树种,本书收集获取了油松、侧柏、榆树、杨树等 12 种人工乔木树种分布样点,基于 19 个 1970—2000 年的生物气候变量、海拔、坡度、坡向等 3 个地形变量和 1 个土壤变量,根据最大熵(Maxent)模型分别构建人工乔木的潜在分布模型。最后,根据人类活动区域和植被潜在分布区来判断人为活动对植物覆盖度的影响。

5.2.1.1　最大熵模型

1. 原理介绍

最大熵原理,也称最大信息原理,是从最符合客观情况的随机变量中选择其统计特性的一种准则。随机变量的概率分布难以测量,通常仅测量其各种平均值（如数学期望、方差等）,或在特定条件下的数值（如峰值、数值数目等）,符合测量值的分布有多种,其中一个分布的熵是最大的。最大熵原理起源于信息论与统计力学,是一种基于有限已知信息无偏推断未知分布的贝叶斯推理方法。最大熵原理指出,当预测随机事件的概率分布时,必须满足所有已知的条件,不对未知情况作主观假设。在这种情况下,概率分布最均匀,预测的风险最小,信息熵最大。因此,最大熵模型成为近年来预测物种潜在适生区空间分布最常用的模型之一,具有样本量和类别要求少、变量处理灵活、模拟效果好等优点,常用于构建基于气候、海拔、植被等环境因子的物种地理分布的生态位模型。

最大熵模型假设分类模型是一个条件概率分布 $p(y\mid x)$,x 为特征,y 为输出。给定一个训练集 $(x^{(1)},y^{(1)}),(x^{(2)},y^{(2)}),\cdots,(x^{(m)},y^{(m)})$,其中 $\boldsymbol{x}$ 为 n 维特征向量,y 为类别输出,特征函数 $f(x,y)$ 描述 x、y 之间的关系。数学模型定义如下:

$$H[p(y\mid \boldsymbol{x})]=-\sum_{x,y}\tilde{p}(x)p(y\mid x)\lg p(y\mid x) \tag{5-1}$$

$$\min_{p\in C}-H(p)=\sum_{x,y}\tilde{p}(x)p(y\mid x)\lg p(y\mid x) \tag{5-2}$$

$$\mathrm{st}\sum_{x,y}\tilde{p}(x)p(y\mid x)f_i(x,y)=\tau_i \tag{5-3}$$

$$\sum_{y}p(y\mid x)=1 \tag{5-4}$$

2. 模型参数优化与评价

选用 Maxent 模型 (Version 3.4.4)实现气候变化条件下各类人工乔木的适生性分析(见图 5-8)。将乔木的分布点和 23 个坏境变量导入模型中,采用 K-折交叉验证方法(K-Fold Cross Validation, K-CV)重复运行 10 次 ($K=10$),使每个子样本都能参与训练、测试,以降低泛化误差,其他参数默认。模型评估采用受试者工作特征曲线 (receiver operating curve, ROC)下面积 AUC 参数,AUC 越接近 1,说明预测越准确,评价等级标准如下:0.50~0.60 为失败,0.61~0.70 为较差,0.71~0.80 为一般,0.81~0.90 为好,0.91~1.0 为非常好。

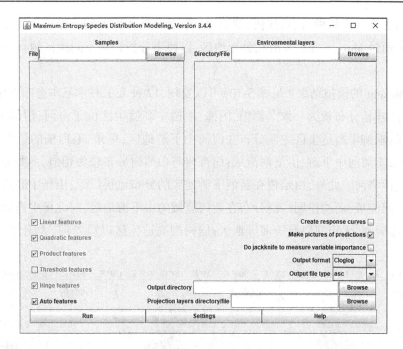

图 5-8　Maxent 的运行主界面

5.2.1.2　黄河流域主要人工造林乔木空间分布特征

根据黄河流域植被类型分布图(见图 5-9)可以看出,针叶林、阔叶林等乔木主要分布在黄河流域中游地区,如伊洛河、北洛河、渭河、汾河流域等,这些区域的植被覆盖率高于其他区域,在黄河流域的植被覆盖程度中占很大比重。本书选取了黄河流域多年来用于

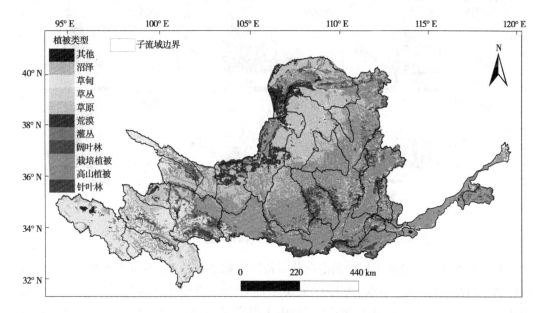

图 5-9　黄河流域植被类型分布

植树造林的主要乔木树种,包括榆树、油松、杨树、椿树等 13 种植被,结合生物变量和乔木分布点位来通过 Maxent 分析其潜在分布地区,以便于分析影响不同地区植被覆盖度的主要乔木树种。

根据 Maxent 的模拟结果(见图 5-10)可以发现,12 种人工乔木基本分布在中游地区,与针叶林、阔叶林分布较为一致。侧柏、国槐、椿树中高适生区位于汾河、渭河中下游、伊洛河等地区;垂柳中高适生区主要分布在渭河中下游地区;皂角、毛白杨的适生区面积较小,主要分布于渭河中下游、伊洛河流域;而杏树与白蜡树分布较为相似,主要分布在渭河流域、汾河、伊洛河。此外,白蜡树在黄河下游地区的分布也很广泛;山杨中高适生区分布在渭河和汾河流域,而油松则广泛分布在黄河流域的中下游地区,河北杨中高适生区分布在北洛河、窟野河、无定河以及汾河等地区;榆树的高适生区以窟野河、无定河、汾河中游为主。

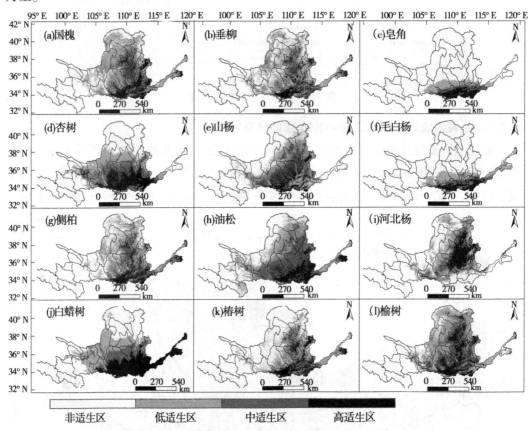

图 5-10　黄河流域 12 种主要人工造林乔木的空间潜在分布图

乔木人工林的建设基于树种的潜在分布特征选取造林地点,不同地区乔木人工林有所区别。因此,根据这一特点,从 12 个主要人工乔木林空间潜在分布中可以看出,对流域植被覆盖度影响较大的人类活动区主要集中于伊洛河、渭河、北洛河、汾河等地区。这些地区植被覆盖程度明显高于其他灌木林、草原和栽培植被区,植被造林使当地植被覆盖率进一步提高。但从图 5-9 中也可看出,黄河中下游栽培植物分布广泛,说明人类活动同时对植被覆盖度产生负面影响。栽培植被地区的植被覆盖度明显低于当地其他植被类型的植被覆盖度,结合乔木的潜在分布空间来看,栽培植被区占用了大量的原始乔木林栖息地空间,导致乔木林面积减小,分布离散,阻断了生态廊道。因此,黄河流域中下游地区的植被覆盖度与人类活动高度相关,人类活动对植被同时存在抑制与促进的双重作用。

5.2.2　气候因素影响植被覆盖度分析

人为活动是导致短时间内植被覆盖度突变的重要原因,而长时期内植被覆盖度的变化则是由降水、温度等多种气象要素综合作用的结果,且在不同区域某些特定气象因素起主导作用。因此,为了研究长期尺度下植被覆盖与气候变化之间的关系,本文采用奇异值分解 SVD 法,着重分析不同地区单一气象因子对植被覆盖的影响。SVD 模型的左右场的异类相关系数能较好地反映两场间的相关关系,为了避免"假相关"现象,本书采用 T 检验的方法来检验 SVD 模型结果的显著性。

分别对 1901—2014 年和 ssp126、ssp585 情景下 2022—2100 年的黄河流域植被覆盖度场和降水场、温度场进行 SVD 分解,得到它们各自的耦合相关模态。根据 SVD 分析结果(见表 5-2)可知,1901—2014 年植被覆盖度场与年平均温度场 SVD 分解的第 1 模态方差贡献率为 88.12%,左右奇异向量时间系数的相关系数为 0.47,且通过 99% 的显著性检验,而与同时期年降水场 SVD 分解的第 1 模态方差贡献率为 94.37%,其时间系数的相关系数为 0.35,也通过了 99% 的显著性检验。在 2022—2100 年,ssp126 情景下植被覆盖度与年平均温度场、年降水场 SVD 分解的第 1 模态方差贡献率分别为 99.7%、92.73%,其时间系数的相关系数分别为 0.65、0.38,均通过 99% 显著性检验。而在 ssp585 情景下,植被覆盖度与年平均温度场、年降水场 SVD 分解的第 1 模态方差贡献率分别为 97.86%、99.99%,对应的时间系数分别为 0.48、0.95,均通过 99% 显著性检验。根据 SVD 分析结果,表明第 1 模态对各自场都有非常高的价值信号,故本书仅讨论 SVD 分解的第 1 模态。

由上述结果可知,由植被覆盖度与气象因子的 SVD 分解提取的主模态之间相关性较为明显。在不同时期、不同场景下,黄河流域植被覆盖度与年平均温度的相关系数均比年降水高,且随着排放浓度的增加,植被覆盖度与气候因子的相关性也更大,尤其是与年平均温度的相关系数在 ssp585 情景下达到 0.95,表明该流域植被覆盖度主要受年平均温度影响,对年降水响应较弱。Gao 等研究表明,2021—2050 年黄土高原和内蒙古高原的部分地区温度对植被的影响将逐渐超过降水,影响区将呈现出温度-植被的显著正相关性,这与本书结论一致。孙睿等也指出,汛期降水量对植被覆盖度的年际变化起主要作用,而降水的年际变化对地表覆盖的影响比较小。因此,植被覆盖度与年降水的相关性较低并不意味着降水对植被覆盖度的影响小于温度,而通常降水量是决定黄河流域植被覆盖度空间格局的关键因素,尤其是生长期降水量的大小。但也有许多结论表明,黄河流域内气温对促进植被生长有着最高的贡献率。结合本书结论,由于全球变暖的影响,流域温度的上升对植被覆盖度的影响变大。

表 5-2　不同情景下植被覆盖度与气象因子的 SVD 分析结果

时期	排放情景	左场	右场	模态序号	方差贡献率/%	时间相关系数	双尾显著性
1901—2014 年	—	植被覆盖度	年平均温度	1	88.12	0.47	$P < 0.01$
		植被覆盖度	年降水量	1	94.37	0.35	$P < 0.01$
2022—2100 年	ssp126	植被覆盖度	年降水量	1	92.73	0.38	$P < 0.01$
	ssp585	植被覆盖度	年降水量	1	97.86	0.48	$P < 0.01$
	ssp126	植被覆盖度	年平均温度	1	99.7	0.65	$P < 0.01$
	ssp585	植被覆盖度	年平均温度	1	99.99	0.95	$P < 0.01$

1901—2014 年,由植被覆盖度与年平均温度 SVD 分解的第 1 模态(见图 5-11)可知,其左场异性相关系数高正值区位于渭河、伊洛河、汾河下游等地区,而高负值区主要分布在吉迈以上,且均通过 99%的显著性检验。其右场异性相关系数在 −0.56 ~ 0.018,高负值区位于黄河源区。因此,通过左右场异性相关系数的空间分布可知,当中下游温度偏高而黄河源区温度偏低时,黄河源区植被覆盖度偏低,而头道拐以下流域的植被覆盖度偏高,以渭河、伊洛河流域为代表。管晓祥等指出,黄河源区 NDVI 与气温呈显著的正相关关系,与降水相关性不显著,且气温的升高对植被生长起到显著的正面促进作用。进一步结合时间系数(见图 5-12)发现,左场与右场的相关系数为 0.47,相关程度较高,具有滞后 1 或 2 年的相位变化过程,且在 20 世纪 80 年代后,流域呈现更为明显的左右场第 1 模态的特征。

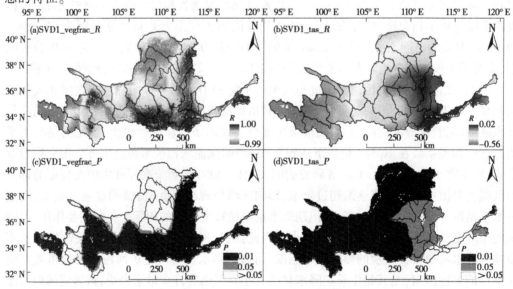

图 5-11　1901—2014 年黄河流域植被覆盖度左场 (a)(c) 与年平均温度右场 (b)(d) 的 SVD 第 1 模态的异性相关系数和显著性分析

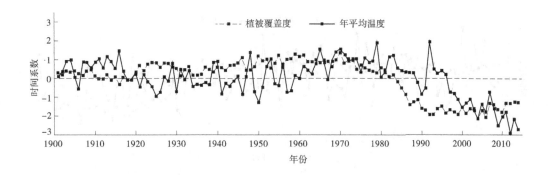

图 5-12 1901-2014 年黄河流域植被覆盖度与年平均温度的 SVD 第 1 模态对应时间系数

与上述分析过程一致,1901—2014 年,由植被覆盖度与年降水量 SVD 分解的第 1 模态 (见图 5-13)可知,当流域南部降水偏多时,黄河源区东部植被覆盖度偏小,其西部地区和头道拐以下地区则偏多。结合时间系数(见图 5-14)看,其左右场的相关系数为 0.35,且具有较为一致的同位相变化,说明两个模态的左场和右场均有较好的对应关系。

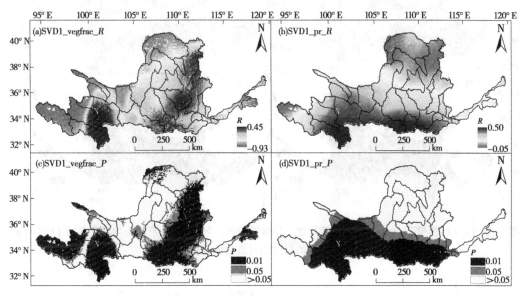

图 5-13 1901—2014 年黄河流域植被覆盖度左场 (a)(c) 与年降水右场 (b)(d) 的 SVD 第 1 模态的异性相关系数和显著性分析

在 ssp126 情景下,由植被覆盖度与年平均温度两个场的 SVD 分析结果 (见图 5-15)可知,除唐乃亥站以上流域的部分地区外,其他地区的相关系数小于 0。在负相关地区中,除内流区外,其余地区均显著。在温度的异性相关关系分布图中,整个流域保持一致的显著负相关关系,相关系数在 -0.68 ~ -0.19。结果表明,当黄河流域温度偏高时,黄河源区大部分地区的植被覆盖度偏低,除内流区外,中下游的大部分地区植被覆盖度偏高。结合时间系数 (见图 5-16)分析,其左右场时间系数相关系数为 0.65,且具有较为一致的同位相变化过程,在 2060 年以前,植被覆盖度相位变化较温度滞后 1 年,而在 2060 年以后,其同位相变化特征更为明显,说明植被覆盖度与年平均温度的相关性变大。

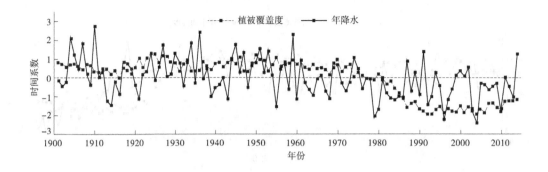

图 5-14　1901—2014 年黄河流域植被覆盖度与年降水 SVD 的第 1 模态对应时间系数

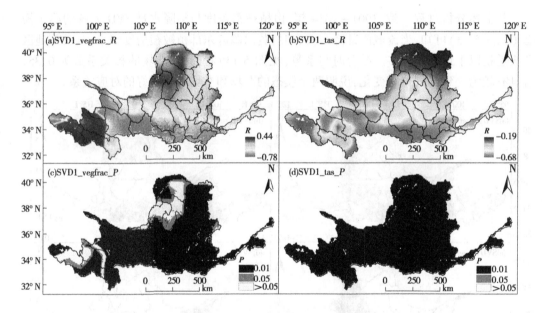

图 5-15　ssp126 情景下 2022—2100 年黄河流域植被覆盖度左场（a）（c）与年平均温度右场（b）（d）的 SVD 第 1 模态的异性相关系数和显著性分析

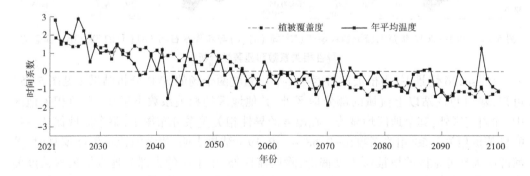

图 5-16　ssp126 情景下 2022—2100 年黄河流域植被覆盖度与年平均温度 SVD 的第 1 模态对应时间系数

　　ssp126 情景下,植被覆盖度与降水量的奇异值分解(SVD)分析结果表明(见图 5-17),当流域南部地区降水偏少时,其南部地区和头道拐以下流域的植被覆盖度偏小。结合时间系数(见图 5-18)可知,其左右场时间系数的相关系数为 0.38,且在 2050 年以前,左右场相关程度较低,而在 20 世纪 50—90 年代,具有更为明显的同位相变化。

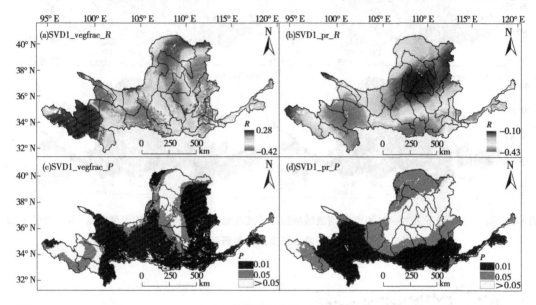

图 5-17　ssp126 情景下 2022—2100 年黄河流域植被覆盖度左场(a)(c)与年降水右场(b)(d)的 SVD
第 1 模态的异性相关系数和显著性分析

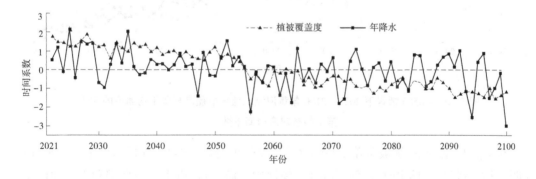

图 5-18　ssp126 情景下 2022—2100 年黄河流域植被覆盖度与年降水的 SVD
第 1 模态对应时间系数

　　在 ssp585 情景下,由植被覆盖度与温度两个场的 SVD 分析结果可以得出(见图 5-19),当流域温度偏低时,小川以上流域植被覆盖度偏高,而兰州—下河沿、石嘴山—龙门、北洛河、泾河和下游地区偏小。结合时间系数(见图 5-20)可知,其左右场时间系数的相关系数为 0.95,同位相变化非常明显,在该种情景下,植被覆盖度与温度的关系非常密切。

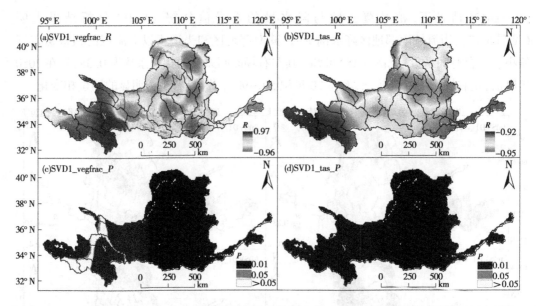

图 5-19 ssp585 情景下 2022—2100 年黄河流域植被覆盖度左场（a）（c）与年平均温度右场（b）（d）的 SVD 第 1 模态的异性相关系数和显著性分析

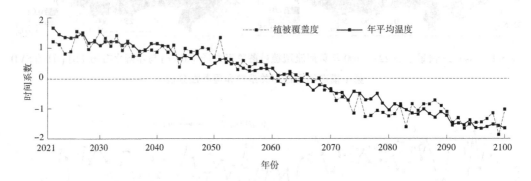

图 5-20 ssp585 情景下 2022—2100 年黄河流域植被覆盖度与年平均温度的 SVD 第 1 模态对应时间系数

在 ssp585 情景下，植被覆盖度与降水量的奇异值分解（SVD）分析结果（见图 5-21）表明，当流域降水量偏少时，汾河、北洛河、泾河中下游、吉迈以上流域西部和下游地区植被覆盖度偏小。由时间系数（见图 5-22）可知，植被覆盖度对降水具有滞后响应关系，且年降水的变化幅度大于植被覆盖度，表明了年降水与植被覆盖度关系较好，但影响程度比温度低。

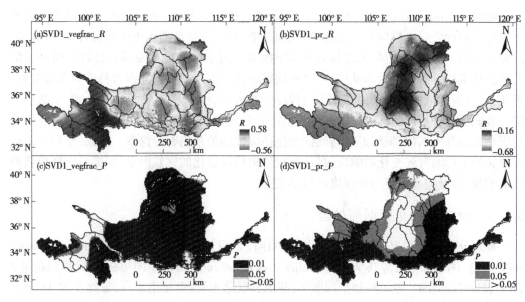

图 5-21　ssp585 情景下 2022—2100 年黄河流域植被覆盖度左场（a）（c）与年降水右场（b）（d）的 SVD
第 1 模态的异性相关系数和显著性分析

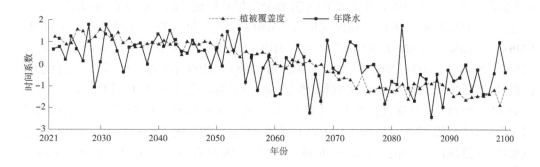

图 5-22　ssp585 情景下 2022—2100 年黄河流域植被覆盖度与年降水的 SVD 第 1 模态对应时间系数

5.3　未来气候模式下楸树在中国的潜在地理分布及演变过程

植物群落的生长、繁衍受自然环境因素限制,气候因素是影响植被地理分布格局的主要因子之一。IPCC2007 的评估报告显示,未来 100 年内,全球地表平均温度将上升 1.1～6.4 ℃,极端天气气候事件的频率、强度增加。过去及未来气候变化导致植被栖息地丧失与破碎化,预计到 2080 年,由于气候变暖,大约 57%广泛分布的植物物种的气候适宜范围最多将减少 50%以上。为此,探索气候变化背景下植被的潜在地理分布规律,揭示其形成、迁移特征,并制定相应的植被修复与保护对策具有重要意义。

楸树（*Catalpa bungei* C. A. Mey.）为紫葳科梓树属乔木,是目前黄河流域生态治理十大推介树种之一。楸树根系发达,抗风固土能力强,是优良的水土保持树种。楸树林广泛分布于黄河流域,且近年来造林面积不断增加。国家林业和草原局也已将楸树列为华北地区珍贵树种并进行大力推广,但一些问题也逐渐出现。根据河南省林业局调查发现,近年来,河南省楸树种植基地存在不同程度的品种退化现象,导致楸树生产、生态质量下降。我国树种种植区的选取大多基于当前适宜气候的生境区,许多植被生长与气候变化的影响机制并不明确,楸树退化与气候变化适应性的关系仍有待探索。因此,亟须深入探究楸树的生境对气候变化的响应,揭示影响楸树局部退化的气候因素,保证后续楸树栽种区的管理,为楸树林恢复与管理提供科学支撑。

5.3.1　楸树的分布数据与处理

楸树分布数据主要来源于全球生物多样性信息网络数据库（GBIF；https://www.gbif.org/）、国家标本资源共享平台（http://www.nsii.org.cn）、中国植物图像库（http://www.plantphoto.cn）等物种分布数据库,鉴别和剔除无效、重复记录点,最终获取 43 个分布点。所用的气候因子均来自世界气候数据库（http://www.worldclim.org）。未来气候模式采用世界气候数据库中 9 种 CMIP6 气候模式,空间分辨率为 2.5 arc-minutes（约 4.5 km²）,参考中国 CMIP6 评估文献,剔除部分模拟效果较差的气候模式,剩余模式采用多模式平均耦合,得到平均气候模式集合（MMEs）,其中包括 BCC-CSM2-MR、CNRM-CM6-1、CNRM-ESM2-1、MIROC-ES2L、MRI-ESM2-0。MMEs 包括 4 个未来时期（2021—2040 年、2041—2060 年、2061—2080 年、2081—2100 年）的 2 种不同共享社会经济路径,即低排放情景 ssp126 和高排放情景 ssp585。为避免过拟合,利用 Pearson 相关分析对 19 个生物气候数据进行处理(见表 5-3),去除相关系数大于 0.80 的变量,最终筛选出 7 个独立的气候变量。海拔（Altitude）、坡度（Slope）和坡向（Aspect）3 个地形变量通过地理空间数据云（http://www.gscloud.cn/）下载 DEM 提取。土壤变量（http://www.resdc.cn/）利用全国土壤普查办公室 1995 年编制并出版的《1:100 万中华人民共和国土壤图》数字化生成的土壤类型栅格数据（见表 5-3）。所有环境因子数据通过 3 个评价原则择优筛选（见表 5-4）,获取 VS₄ 预测因子数据集（见表 5-5）。

表 5-3　相关环境变量名称及描述

变量简称	变量描述	单位
bio_1	年平均气温 Annual Mean Temperature	℃
bio_2	平均温日较差 Mean Diurnal Range	℃
bio_3	等温性 Isothermality（bio_2/bio_7×100）	—
bio_4	温度季节性变化 Temperature Seasonality（Standard Deviation×100）	—
bio_5	最暖月最高温度 Max Temperature of Warmest Month	℃
bio_6	最冷月最低温度 Min Temperature of Coldest Month	℃

续表 5-3

变量简称	变量描述	单位
bio_7	温度年范围 Temperature Annual Range（bio_5−bio_6）	℃
bio_8	最湿季节平均温度 Mean Temperature of Wettest Quarter	℃
bio_9	最干季度平均温度 Mean Temperature of Driest Quarter	℃
bio_10	最暖季度平均温度 Mean Temperature of Warmest Quarter	℃
bio_11	最冷季度平均温度 Mean Temperature of Coldest Quarter	℃
bio_12	平均年降水量 Annual Precipitation	mm
bio_13	最湿月降水量 Precipitation of Wettest Month	mm
bio_14	最干月降水量 Precipitation of Driest Month	mm
bio_15	降水季节性变化 Precipitation Seasonality（Coefficient of Variation）	—
bio_16	最湿季度降水量 Precipitation of Wettest Quarter	mm
bio_17	最干季度降水量 Precipitation of Driest Quarter	mm
bio_18	最暖季度降水量 Precipitation of Warmest Quarter	mm
bio_19	最冷季节降水量 Precipitation of Coldest Quarter	mm
S−Type	土壤类型 Soil Type	—
Slp	坡度 Slope	°
Asp	坡向 Aspect	—
Alt	海拔 Altitude	m

表 5-4　变量筛选过程

序号	原始数据集	后处理数据集	评价原则
1	VS_1（VAR_B、VAR_T、VAR_S）	VS_2（VAR_B_{2-5}、VAR_B_{11}、VAR_B_{13}、VAR_B_{15}、VAR_T、VAR_S）	相关系数 $R^2 \leqslant 0.8$
2	VS_2	VS_3（VS_2 剔除 Slp、Asp）	变量贡献率 ≥ 5%
3	VS_3	VS_4（VS_3 剔除 S−Type）	受试者特征曲线下面积 MAX（AUC_i）、MIN（$AUC_{training}$ − AUC_{test}）

注：VS 为数据集，下标 1~4 表示数据集序列，VAR_B 为生物气候变量集，下标 1~19 表示 bio_1~bio_19；VAR_T 是地形变量集；VAR_S 是土壤变量集。

表 5-5　筛选后的环境变量名称及描述

变量	变量描述	单位
bio_2	平均日较差 Mean Diurnal Range	℃
bio_3	等温性 Isothermality（bio_2/bio_7×100）	—
bio_4	温度季节性变化 Temperature Seasonality（Standard Deviation×100）	—
bio_5	最暖月最高温度 Max Temperature of Warmest Month	℃
bio_11	最冷季度平均温度 Mean Temperature of Coldest Quarter	℃
bio_13	最湿月降水量 Precipitation of Wettest Month	mm
bio_15	降水季节性变化 Precipitation Seasonality（Coefficient of Variation）	—
Alt	海拔 Altitude	m

5.3.2　Maxent 模型构建与评价

选用 Maxent 模型（Version3.4.4）实现气候变化条件下楸树的适生性分析。将 43 个楸树分布点和 8 个环境变量按"气候""气候-地形""气候-地形-土壤"不同变量组合情景导入模型中,采用 K-折交叉验证方法（K-Fold Cross Validation, K-CV）重复运行 10 次（$K=10$）,使每个子样本都能参与训练、测试,以降低泛化误差,其他参数默认,分别得到气候模型（M_C）、气候-地形模型（$M_{C\&T}$）、气候-地形-土壤模型（M_{AL}）。结合刀切法（Jackknife）,来检验不同气候变量的训练增益,分析影响楸树适宜分布区的主导气候因子。模型评估采用受试者工作特征曲线（Receiver Operating Curve, ROC）下面积 AUC 参数,AUC 越接近 1,说明预测越准确,评价等级标准如下:0.50~0.60 为失败,0.61~0.70 为较差,0.71~0.80 为一般,0.81~0.90 为好,0.91~1.0 为非常好。

根据最佳自然断裂法（Jenks）对平均生境适宜度指数进行合理划分,即划分为以下 4 个等级:0~0.13 为非适生区,0.13~0.38 为低适生区,0.38~0.67 为中适生区,0.67 以上为高适生区。通过 ArcGIS 10.5 的栅格计算器和分区统计计算得到楸树适生区的面积,叠加当前和未来的适生区栅格图,总结分布区等级和范围随时间的变化情况,并绘制其不同等级适生区的退化区、增强区以及稳定区,最终获取楸树生长变化分区。同时,分析不同分区内主导环境因子变化范围和未来趋势。利用 ArcGIS 10.5 空间统计工具计算不同气候情景下适生区平均中心,然后按时间序列将每个平均中心进行连接,即可得到楸树迁移路径,以表达不同气候情景下平均中心迁移的方向和距离。

5.3.3　当前气候情景下 Maxent 模型的比较和评估

M_C、$M_{C\&T}$、M_{AL} 这 3 种模型训练 AUC 分别为 0.927、0.930、0.958,测试 AUC 分别为 0.888、0.906、0.882,准确率均较好（见图 5-23）。其中 M_{AL} 训练误差最低,但泛化误差较大,并不适宜大范围预测,而 M_C 与 $M_{C\&T}$ 两者 AUC 均在 0.9 以上,相差较小,而 M_C 的 AUC 值较低,故采用 $M_{C\&T}$ 作为最终预测楸树分布模型。$M_{C\&T}$ 模拟结果表明,当前气候条件下楸树适生区面积约为 $2.69×10^7 km^2$，高适生区主要分布于河南、河北、湖北、陕西等地区，部分位于山东半岛、东南丘陵东北部。中适生区主要分布于华北平原河北段、山东丘陵、江苏、湖南等地，低适生区分布于福建、江西、四川、贵州、云南东北部、辽宁西南和黄土高原西北地区等地，少量分布在西藏的西北地区。

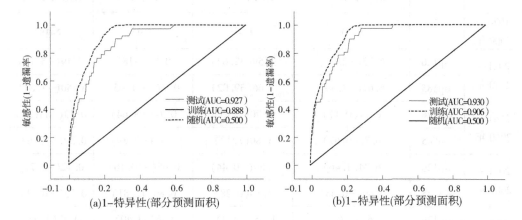

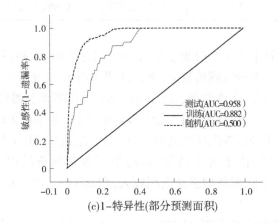

（a）~（c）分别表示 M_C、$M_{C\&T}$、M_{AL} 三类模型 ROC 曲线。

图 5-23　M_C、$M_{C\&T}$、M_{AL} 三类模型 ROC 曲线

5.3.4　未来气候变化下楸树潜在分布与演变过程

在 ssp126 气候情景下，适生区面积总体呈增加趋势（见表 5-6）。其中，楸树中、高适生区在 2021—2040 年、2041—2060 年面积减小，总退化幅度超过 20%，面积变化较为剧烈，主要退化为低适生区。2061 年后，高适生区以相对 2041—2060 年的 15% ~ 16% 的速率持续下降，退化为中适生区，其他区域变化较稳定。在 ssp585 情景下，适生区面积总体增加，增加幅度较 ssp126 情景下低。其中，中、高适生区面积在未来前 3 个时期均处于减小趋势，主要退化为低适生区，2080—2100 年呈增加趋势。

表 5-6　未来气候情景下不同时期楸树适生区面积的变化过程

时期	气候情景	非适生区面积/×10⁷ km²（相对前期增减/%）	低适生区面积/×10⁷ km²（相对前期增减/%）	中适生区面积/×10⁷ km²（相对前期增减/%）	高适生区面积/×10⁷ km²（相对前期增减/%）
1970—2000 年		6.91	1.20	9.83	5.14
2021—2040 年	ssp126	6.73(−2.71)	1.59(32.62)	0.81(−18)	0.49(−5.11)
	ssp585	6.67(−3.49)	1.66(39.02)	0.77(−21.95)	0.50(−1.84)
2041—2060 年	ssp126	6.74(0.17)	1.70(7.13)	0.74(−8.64)	0.43(−11.33)
	ssp585	6.72(0.67)	1.80(8.13)	0.71(−7.89)	0.39(−23.63)
2061—2080 年	ssp126	6.84(1.46)	1.69(−0.44)	0.66(−10.16)	0.42(−3.71)
	ssp585	6.69(−0.45)	1.80(0.28)	0.80(12.81)	0.32(−16.94)
2081—2100 年	ssp126	6.84(0)	1.65(−2.22)	0.69(4.49)	0.42(1.94)
	ssp585	6.5(−2.78)	1.85(2.82)	0.98(23.27)	0.27(−15.86)

以 ssp126、ssp585 情景下的 4 个时期生境等级变化为依据，绘制各地区楸树生长分区，判断楸树分布趋势。在两种气候情景下，中、高适生稳定区与现有中、高适生区分布基本一致，位于陕西、河南、山东、湖南北部、安徽北部、浙江北部等地。退化区位于湖北中南部、湖南、江西西部、安徽中南部、江苏、浙江等长江以南地区，分布较为广泛且离散，弱退化区主要集中在中、高稳定区边缘低纬度的南方地区，强退化区面积较小。相对于大部分区域的其他分布区，增强区位于黄土高原、海河平原等黄河流域以北地区。相对于 ssp126，在 ssp585 气候情景下，楸树增强区面积较大，东北平原、准噶尔盆地、长白山脉等地形成新的楸树适生区。

当前楸树适宜区的平均中心位于 33 °N, 111.1 °E（见图 5-24）。在 ssp126 情景下，平均中心在前 3 个时期内具有明显向西北移动的趋势，尤其在 2021—2040 年、2041—2060 年，平均中心移动了 1.59×10^4 m、0.62×10^4 m，在后两个时期，平均中心移动相对较慢，仅移动了 0.62×10^4 m、0.12×10^4 m，整个迁移过程的经、纬度总偏移为 0.95°、2.08°。在 ssp585 情景下，楸树迁移距离与 ssp126 情景下有明显差异，不同时期迁移距离均大于 1.5×10^4 m，到 2100 年，整个迁移过程的经、纬度总偏移为 1.6°、6.38°，平均中心分布位于内蒙古自治区（39.4 °N, 109.49 °E）。对比两种气候情景下楸树向西北迁移距离以及适生区变化可以得知，楸树向西北迁移的速率与气候变暖程度相关。

5.3.5　影响楸树潜在地理分布的主导环境因子

变量贡献率和置换重要性的结果显示，bio_11 重要性最高，bio_13、Alt 和 bio_2 次之（见表 5-7）。刀切法检验结果显示，各变量在模型训练与测试增益基本一致，bio_11 训练

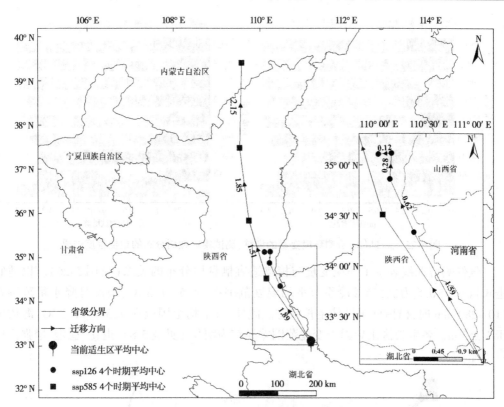

图 5-24　楸树不同时期适宜区平均中心迁移方向（迁移距离单位为 10^4 m）

增益最高,其次是 bio_2、bio_13 和 bio_5、Alt(见图 5-25),表明 bio_11、bio_13、bio_2、Alt 对于楸树分布的影响最大。

表 5-7　环境变量的模型贡献率和置换重要性

环境变量	模型贡献率/%	置换重要性
bio_11	51.8	37.8
bio_13	23.3	4.7
Alt	12.0	40.0
bio_2	6.4	12.3
bio_4	3.4	0.6
bio_15	2.4	1.1
bio_3	0.5	3.5
bio_5	0.1	0

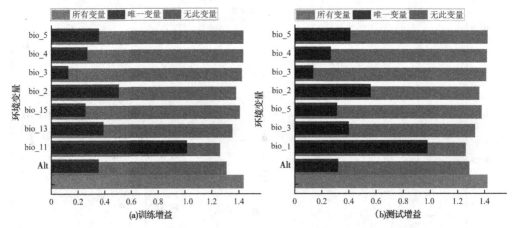

图 5-25　Jackknife 检测环境变量的训练、测试集对楸树分布的重要程度结果

气候响应曲线表示了环境变量与植物适宜栖息地分布的关系(见图 5-26)。以适宜生长概率 $p>0.5$ 为例,当最冷季节平均温度范围在 $-3.5 \sim 7.5$ ℃,最湿月降水量范围在 $110 \sim 280$ mm 时,楸树处于最佳生长状态。此外,日平均范围应在 $7.36 \sim 11.5$ ℃,海拔低于 1 255 m。各生长区主导因子变化范围差异较为明显(见表 5-8),退化、稳定、增强区内

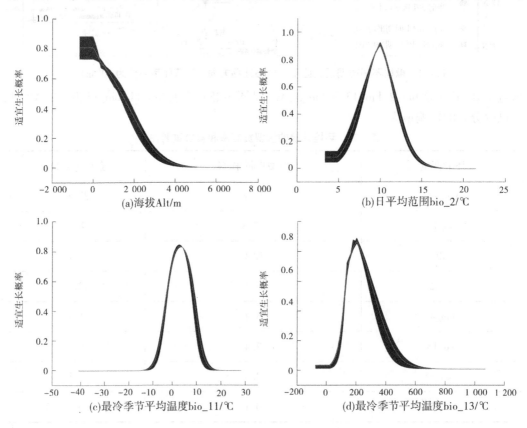

图 5-26　Maxent 模型 Alt、bio_2、bio_11、bio_13 的响应曲线

最冷季节平均温度分别在 5~7 ℃、3 ℃、0 ℃，日平均范围分别为 8~9 ℃、10 ℃、11 ℃。退化区内最冷季节平均温度明显大于其他分区，表明最冷季节温度升高是楸树退化的主要原因之一。单区内不同时期的最冷季节平均温度变化范围均在 2 ℃以上，最湿月降水量变化在 10 mm 以上，ssp585 情景下变化较大，日平均较差变化较小，表明气候变化下楸树各生长区主要受最冷季节平均温度变化影响（见表 5-8）。

表 5-8　不同情景下楸树生长分区的主导环境因子特性

生长分区	气候情景	海拔/m	最冷季节平均温度/℃	最湿月降水量/mm	平均气温日较差/℃
非适生区	ssp126	2 058.28	-6.86 (-8.84~-6.17)	114.54 (108.85~118.36)	12.52 (12.45~-12.55)
	ssp585	2 187.86	-5.12 (-8.59~-1.79)	118.02 (109.67~125.59)	12.44 (12.33~12.5)
非、低增强区	ssp126	1 132.24	0.35 (-1.48~0.98)	171.48 (161.78~178.47)	10.95 (10.64~11.05)
	ssp585	681.70	-5.44 (-8.96~-1.99)	126.05 (116.67~132.47)	11.61 (11.54~11.7)
中-退化区	ssp126	547.14	7.18 (5.54~7.84)	219.44 (209.78~227.74)	8.3 (8.21~8.37)
	ssp585	567.29	8.23 (5.59~10.83)	219.88 (206.79~233.45)	8.39 (8.24~8.6)
中-稳定区	ssp126	439.23	3.24 (1.44~3.89)	198.98 (186.14~207.33)	9.99 (9.87~10.27)
	ssp585	392.13	3.24 (0.27~6.09)	199.24 (183.14~208.4)	10.28 (10.08~10.77)
中-增强区	ssp126	633.49	0.04 (-1.96~0.71)	163.93(151.63~170.39)	11.26(11.12~11.7)
	ssp585	643.90	0.46 (-2.87~3.6)	160.57 (144.98~168.97)	11.4 (11.22~11.94)
高-强退化区	ssp126	1 179.04	5.24 (3.64~5.88)	193.45(184.64~200.97)	8.63(8.48~9.07)
	ssp585	944.46	6.99 (4.31~9.6)	198.79 (186.75~212.5)	8.73 (8.52~9.01)
高-弱退化区	ssp126	479.79	5.01 (3.27~5.68)	193.33(183.86~202.49)	8.87(8.72~9.26)
	ssp585	459.17	5.92 (3.16~8.61)	190.73 (180.65~198.81)	9.05 (8.83~9.47)
高-稳定区	ssp126	611.0	2.97 (1.08~3.64)	159.62 (150.76~166.3)	10.33(10.2~10.65)
	ssp585	649.67	3.62 (0.6~6.51)	159.07 (145.77~167.53)	10.45 (10.28~10.82)

注：括号内、外数值分别为该环境因子在生长区内不同时期的变化范围、平均值。

利用 CMIP6 对我国气候变化模拟较好的多个未来气候模式平均集合（MMEs），设置不同气候变化情景，对物种潜在地理分布进行模拟。与 CMIP5 相比，模拟效果更好，多模式平均集合在一定程度上降低了气候模式的不确定性。除气候因素外，物种分布会受到地形、土壤、种间关系、物种进化、人类活动等众多因素的影响。过去许多研究仅采纳气候因子，虽然模型表现良好，但推测的生态位可能远离其基础生态位，存在误导性预测风险。本书纳入了气候、地形以及土壤变量，进行不同环境因素的组合，结果表明，M_C、$M_{C\&T}$、M_{AL} 3 种模型平均 AUC 均大于 0.9，表明模型表现优异。$M_{C\&T}$ 模型的 AUC 最优，表明地形因子能提高模型精度，但土壤类型改善效果不明显，且随机性大。楸树对土壤要求较低，一般土壤均能生长，土壤类型导致 Maxent 模型过拟合，并不适合模型推广。另外，应警惕因子共线性、空间分辨率不足等问题，这也是物种分布模型不确定性来源之一。

水热条件是决定植被空间分布及其变化的主要非生物因素。根据楸树分布的环境特性可知，楸树具有偏温暖、不耐严寒等特点，适应昼夜温差较大的生长规律。以往研究表明，楸树适生于年均气温 10~15 ℃、年降水量 500~1 000 mm 的气候条件，但从最冷季节平均温度、最湿月降水量、日平均较差来解释楸树生境条件更为合理，这些因子通过了相关性和重要性检验，比年均温度、年降水量等容纳更关键的环境信息。楸树集中分布在海拔 1 255 m 以下地区，高于该值则适生率降低，张博、郝翠萍等也曾提出楸树随海拔增高而生长降低，适宜于在海拔 1 000 m 以下地区造林，表明了结论的可靠性。此外，楸树对最湿月降雨量较为敏感，汛期降雨过大将不利于楸树生长。同时，楸树为深根性树种，侧根发达，耐旱性较好，不能生长在地下水位高于 0.5 m 的地方。因此，楸树种植应避免汛期常发生暴雨洪涝事件的低洼积水区域，冬季温度过低宜采取人工增温措施。

楸树适生区主要分布于河南、河北、湖北、陕西、华北平原河北段、山东丘陵、江苏、湖南等地，这是全国楸树聚集生长的核心地带，并向周围扩散，这与以往研究结论基本一致。在 ssp126、ssp585 情景下，最冷季节平均温度升高驱动楸树地理分布平均中心向西北迁移，生境总体面积均增加，表现为低适生区面积增加 40% 以上，而中、高适生区面积减少 10% 以上。到 21 世纪末，我国各地气温和降水量逐年增加，气温在高纬度地区和高海拔地区增长最快，降水量在我国西部和北部增长最快，这可能是楸树生境面积总体增加，中、高适生区面积减少的原因，而根本驱动力为最冷季节平均温度的升高。ssp585 气候情景对楸树生境影响最大，多数长江流域以南的适生区发生退化现象，而黄土高原、海河平原以及黄河流域以北区域则趋于增强，稳定区位于陕西南部、湖北北部、河南西部以及河北南部等暖温地区。与多数研究一致，气候变暖将导致物种的适宜分布区范围向高纬度地区迁移，且向北迁移的速率与气候变暖的程度正相关。我国楸树人工林主要分布在河北太行山、河南栾川、贵州贵定等地，其中山东烟台、湖北荆门、云南丽江等地处于楸树退化区（见表 5-9），贵州地区楸树适生等级低，但处于楸树生长增强区，河南伏牛山、大别桐柏山区（高-稳定区）是近年来河南林业生态省建设提升工程规划之一，该区楸树种植基地的建设具有长远意义。本书预测的迁移路线仅基于楸树对于气候变化的响应，并没有考虑地理阻隔及楸树的迁移、扩散能力等因素，实际生境范围可能小于预期。物种迁移能力是影响物种适应未来气候变化的重要影响因素，当气候变化下的水热条件无法满足植被需求时，导致植被局部发生退化，将面临适宜生境面积减少的风险。本研究中楸树生境面积虽然增加,但其对气候变化的脆弱性可能还取决于楸树是否能通过自身扩散来适应气候变化和物种间相互作用,这一问题仍有待进一步讨论。此外,人工辅助迁移是增强楸树气候适应性的方法之一,结合楸树生长的稳定、增强适生区,合理地构建楸树种植区,为楸树的生长提供保护和管理。

表 5-9　我国主要楸树人工林建设基地所处的楸树生长分区

楸树人工林建设基地	中心经纬度	生长分区
河北太行山	34°34′N~40°43′N, 110°14′E~114°33′E	中-稳定区、高-稳定区
山东烟台、栖霞	37°54′N,121°38′E	高-弱退化区
江苏连云港、 云台山	34°61′N,119°17′E	中-退化区与中-稳定区 交界处
湖北荆门	31°03′N,112°02′E	高-弱退化区
河南栾川、洛宁	34°11′N,111°06′E	高-稳定区
云南丽江	26°88′N,100°23′E	中-退化区、高-强退化区、 高-弱退化区
贵州兴仁、 安顺、贵定等	25°44′N~26°59′N,105°21′E~107°24′E	非适生区,非、低-增强区
河南伏牛山、 大别桐柏山区	31°02′N~34°14′N,111°09′E~116°74′E	高-稳定区

5.4　本章小结

本章采用同样方法对黄河流域植被覆盖度的气候模式进行降尺度并验证,且对该变量进行了时空特征分析。主要结论如下:

(1)GFDL-ESM4 在 4 种评价指标中均表现最优,MAE、SS、S、TS 分别为 0.083 6、0.759 0、0.999 9、0.000 2,因此 GFDL-ESM4 气候模式对黄河流域植被覆盖度模拟性能较好。

(2)从时间序列来看,黄河流域植被覆盖度经历 1901—1961 年的显著上升(0.007 6/10 a)、1962—1996 年的显著下降(-0.027/10 a)、1997—2014 年的显著上升(0.014/10 a)过程。在 ssp126、ssp585 情景下,黄河流域的多年平均植被覆盖度为 0.61、0.56,平均变化率为 0.014/10 a($P<0.01$)、0.008 6/10 a($P<0.01$),未来 80 年内植被覆盖度呈显著上升趋势,且 ssp126 情景的植被覆盖度最大。

(3)1901—2014 年黄河流域植被覆盖度 EOF 的第 1 模态方差贡献率为 64.19%,该模态表明,20 世纪 20—80 年代黄河流域中下游地区植被覆盖度偏小,石嘴山—头道拐和黄河源区西部地区则偏大,20 世纪 80 年代后黄河流域中下游地区的植被覆盖度相对于前期属于偏小期,且强度先增后减。在 ssp126 情景下,第 1 模态方差贡献率为 71.56%,该模态表明,在 21 世纪 60 年代以前,除黄河源区外,其他地区植被覆盖度偏小,在 60 年代后,植被覆盖度则偏大,黄土高原地区变化最快。而在 ssp585 情景下,第 1 模态方差贡献率为 72.38%,该模态表明,在 21 世纪 60 年代以前,除大通河、湟水河、黄河源区东部地区外,其他地区植被覆盖度偏小,在 21 世纪 60 年代以后则偏大,其他变化与 ssp126 第 1 模态相同。

(4)人工林建设对植被覆盖度的贡献主要集中于伊洛河、渭河、北洛河、汾河等地区,这些地区的植被覆盖度明显大于其他灌木林、草原以及栽培植被区。栽培植被区占用原始乔木林的栖息地空间,导致乔木林面积减小,分布离散。从气候变化看,无论是在历史时期还是 ssp126、ssp585 情景下,黄河流域的植被覆盖度与年平均温度的相关性比年降水大。在 1901—2014 年,当中下游温度偏高而黄河源区温度偏低时,黄河源区植被覆盖度偏低,而头道拐以下流域的植被覆盖度偏高。当流域南部降水偏多时,黄河源区东部植被覆盖度偏小,其南部地区和头道拐以下地区则偏大。在 ssp126 情景下,当黄河流域温度偏高时,黄河源区大部分地区的植被覆盖度偏小,除内流区外,中下游的大部分地区植被覆盖度偏大。当流域南部地区降水偏少时,其南部地区和头道拐以下流域的植被覆盖度偏小。在 ssp585 情景下,当流域温度偏低时,小川以上流域植被覆盖度偏高,而兰州—下河沿、石嘴山—龙门、北洛河、泾河和下游地区偏小。当流域降水量偏少时,汾河、北洛河、泾河中下游、吉迈以上流域西部和下游地区植被覆盖度偏小。

第 6 章　径流时空特征及其驱动因子研究

本章主要对黄河流域 25 个全球气候模式的降尺度月径流数据集进行评估验证,通过对比,筛选出适用于黄河流域降尺度过程的插值方法,并对黄河流域未来时期径流量的变化过程进行模拟。然后,以 CMIP6 降尺度的年径流序列为基础,分别对黄河流域各时段径流深的时空分布进行分析。最后,通过 Budyko 模型和 SVD 模型进一步分析径流变化的驱动因子。

6.1　降尺度结果评估及多模式集合

首先,基于 1982—2011 年黄河流域逐月径流数据集,以 1982 年 1 月至 2000 年 12 月为校准期,计算校准期内 1—12 月多年径流深的平均值,采用 Delta 降尺度对 25 种气候模式进行区域降尺度。然后,以 2001 年 1 月至 2011 年 12 月为验证期,根据 4 种评价指标对该时段观测与降尺度模拟的植被覆盖度进行误差检验,优选出适用于黄河流域径流过程分析的气候模式。

将评估模拟黄河流域径流气候模式的 MAE、SS、TS、S 这 4 项不同评价指标以及 5 种插值方式的误差排名绘制成热力图 (见图 6-1)。克里金插值方式在 4 种不同评价指标中均表现为误差最小,故采用该种插值方式进一步评估所有气候模式的径流模拟效果。从图 6-1 中可以看出,CMCC-ESM2、FGOALS-f3-L、FIO-ESM-2-0 这 3 种气候模式模拟径流深效果最优,以作为后续模式分析。而相对较差的模式有 MICRO-ES2L、MRI-ESM2-0、CM-CC-CM2-HR4、GISS-E2-1-G、CanESM5 等,这些气候模式的 4 项评价指标排名均较低。

根据 2001—2011 年 324 个栅格点的实测和模拟径流月序列对比 (见图 6-2),径流的整体拟合效果较低。CMCC-ESM2、FGOALS-f3-L、FIO-ESM-2-0 实测和模拟温度的 R^2 分别为 0.51、0.44、0.45,回归系数分别为 0.67、0.66、0.58,这 3 种气候模式拟合效果接近,通过 99% 信度水平检验。整体上径流数据要比地面观测的径流偏小,同时存在一些较远的离群点。

进一步分析排名前 10 的气候模式在 MAE、SS、S、TS 评价下表现的差异性 (见表 6-1)。结果表明,观测和模拟径流深的 MAE 值在 1.3~1.9,SS 值在 0.35~0.45,S 值在 0.85~0.99,TS 值在 0.002 7~0.073。根据 4 项评价指标的评价标准可知,这 6 种气候模式的 MAE 较小,SS 低于 0.5,而 S 和 TS 均分别接近 1 和 0,表现出较好的性能等级,表明气候模式能够较好地模拟黄河流域径流变化。而通过 CMCC-ESM2、FGOALS-f3-L、FIO-ESM-2-0 这 3 个优选的气候模式构建多模式平均集合 MME 数据集,其误差检验综合评价指标优于单一模式,因此,后续通过 MME 数据集对黄河流域径流进行分析。

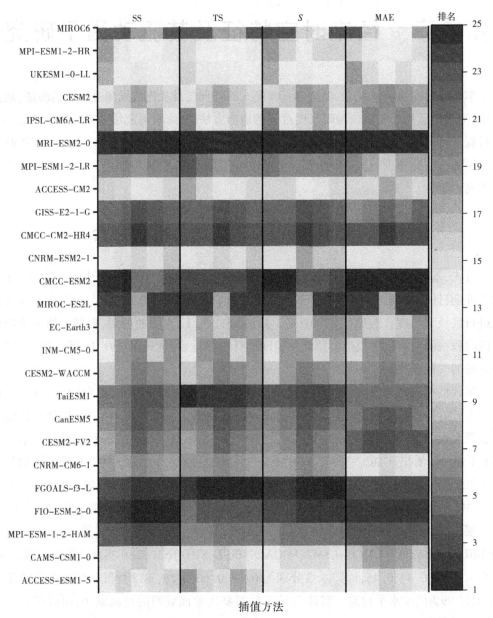

每种评价方法下依次是对 Kriging、IDW、BILINEAR、Natural、Spline 这 5 种插值方法的评估排名。

图 6-1　不同插值和评价指标下 2001—2011 年实测和 25 个气候模式
模拟黄河流域径流月序列的拟合性能排名

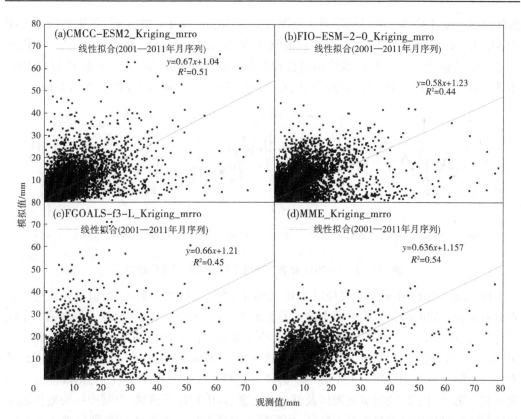

图 6-2　Kriging 插值下 2001—2011 年站点实测和气候模式模拟黄河流域月径流（mrro）序列的散点图

表 6-1　最主要的气候模式 2001—2011 年实测和模拟径流深月序列误差检验

气候模式	变量	插值方法	MAE	SS	S	TS
MPI-ESM-1-2-HAM	mrro	Kriging	1.551 4	0.306 5	0.735 4	0.151 4
FIO-ESM-2-0	mrro	Kriging	1.470 7	0.391 1	0.880 5	0.072 9
FGOALS-f3-L	mrro	Kriging	1.501 5	0.350 9	0.915 5	0.002 7
TaiESM1	mrro	Kriging	1.743 2	0.242 6	0.854 3	0.001 3
CMCC-ESM2	mrro	Kriging	1.339 6	0.445 5	0.996 5	0.014 13
MPI-ESM1-2-LR	mrro	Kriging	1.879 4	0.079 1	0.781 9	0.050 7
MME	mrro	Kriging	1.328 3	0.563 1	0.997 4	0.005 1

6.2　不同气候情景下径流时空特征

6.2.1　当前气候情景下径流特征

根据 1901—2014 年黄河流域径流深的 MME 模拟数据集,计算获取流域径流深平均值随时间的变化趋势。从时间序列（见图 6-3）上看,在 1901—2014 年,多年平均径流深为 53.81 mm,标准差为 4.45 mm,平均变化率为−0.42 mm/10 a（$P<0.01$）,径流变化方向呈下降趋势,但 R^2 为 0.1,线性拟合优度较低,说明径流波动较大。流域径流在 1901年达到最大值,为 65.10 mm,2009 年达到最小值,为 42.38 mm,两者相差 22.72 mm。

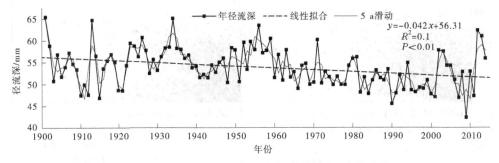

图 6-3　1901—2014 年黄河流域年径流深时间变化趋势

由 1901—2014 年黄河流域径流 EOF 的前 4 个模态（见图 6-4）可知,流域径流空间分布具有 4 种不同的特征。第 1 模态的方差贡献率为 45.53%,占主导地位。根据第 1 个模态可知,该模态的特征值基本为负值,径流的变化幅度由东南向西北递减。鲍振鑫等指出,从上游到下游,河川径流下降幅度越来越大,趋势越来越显著,这一趋势与第 1 模态基本一致。第 2 模态则反映出上中游与下游径流趋势相反的特征,径流的变化幅度由南向北递减。第 3 模态反映出黄河源区及其东部地区、高山村以下流域、石嘴山—头道拐北部地区径流与其他地区趋势相反的特征,中游径流变幅最大。而第 4 模态则反映了玛曲以上、龙门以下流域径流趋势与其他地区相反的特征。

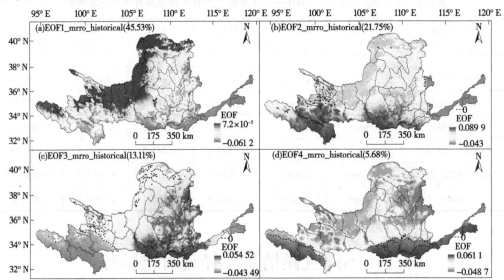

各图的 EOFi_mrro_historical（贡献率/%）表示径流深（mrro）在历史时期（1901—2014 年）下的第 i 模态（EOFi）,括号内为该模态的贡献率;图（b）（c）（d）中的 0 分界线为特征值正负分界线。

图 6-4　1901—2014 年黄河流域径流深空间场 EOF 的主要模态（EOF1～EOF4）

结合时间系数(见图6-5)可知,在第1模态下,20世纪20—50年代黄河流域全区径流一致偏多,60年代后则全区径流偏少,到2010年后,黄河流域径流全区偏多。PC2结果表明,在1925年、1942年、2014年,中上游地区径流偏多、下游偏少的特征在流域上表现较为明显。PC3结果表明,在20世纪40年代前和80年代后,黄河源区及其东部地区、高山村以下流域、石嘴山—头道拐北部地区径流偏少,其他地区偏多,而在60—80年代则相反。PC4表明,在1919年、1924年、1926年、1927年、1937年、1941年等,流域呈现明显的玛曲以上、龙门以下流域径流趋势与其他地区相反的特征,除1941年外,玛曲以上、龙门以下流域径流偏少,而其他地区相反。

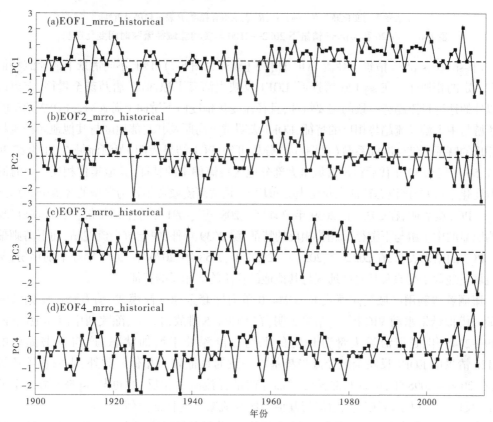

图6-5 1901—2014年黄河流域径流深空间场EOF的主要模态对应时间系数(PC1~PC4)

6.2.2 未来气候情景下径流特征

在ssp126情景下(见图6-6),多年平均径流深为56.04 mm,标准差为5.13 mm,平均变化率为0.12 mm/10 a($P>0.05$),R^2为0.003,线性拟合程度低,表明径流深变化无明显的线性趋势,波动幅度较大,总体上呈增加趋势。在ssp585情景下,多年平均径流深为60.99 mm,标准差为7.76 mm,平均变化率为2.4 mm/10 a($P<0.01$),R^2为0.492,线性拟合程度较高,相对于ssp126情景,ssp585情景的多年平均径流深和离散程度更大,且具有显著的增加趋势。陈钟望研究发现,与1961—2010年相比,2011—2050年黄河流域年径流量整体呈现增加趋势,且最大不超过20 mm,这与本书结论类似。

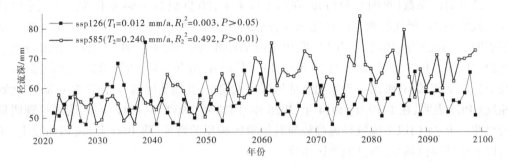

T 表示平均变化倾向率（mm/a），R^2 表示拟合程度，P 表示趋势显著性。

图 6-6　ssp126 和 ssp585 情景下 2022—2100 年黄河流域径流深时间变化趋势

由 ssp126、ssp585 情景下径流 EOF 的前 3 模态（见图 6-7）可知，不同情景下的径流特征具有一定的相似性。在 ssp126 情景下，EOF1 反映出河套平原西部、唐乃亥至贵德、吉迈以南以外的地区径流趋势一致的主要特征，且径流变化幅度由下游向上游递减。EOF2 则反映出下游与中上游径流趋势相反的特征，EOF3 表明黄土高原及其北部地区与其他地区径流趋势相反的特征。结合时间系数（见图 6-8）分析可知，PC1 结果表明，黄河流域在 21 世纪 30年代、50 年代和 80 年代后黄河流域呈大部分地区径流偏丰的特征，其他年代相反。由时间系数变化率可知，该模态特征在年份上分布均匀，是黄河流域常年较为典型的径流分布形态之一。PC2 则表明，在 2033 年、2039 年、2049 年、2081 年、2091 年等个别年份，黄河流域出现较为明显的中上游与下游径流趋势相反的特征，除 2039 年外，中上游径流偏枯，而下游则偏丰。PC3 的结果表明，在 2022 年、2023 年、2038 年、2058 年、2070 年、2072 年等个别年份，黄河流域呈现黄土高原及其北部地区与其他地区径流趋势相反的特征。

康丽莉等利用区域气候模式 RegCM4.0 单向嵌套全球气候模式，动力降尺度到黄河流域的模拟结果驱动 VIC 模型，结果表明：在 RCP4.5 排放情景下，除陕西中南部地区外，2019—2048 年，黄河流域大部分地区的平均径流深处于增加状态，这与本书提出的ssp126 情景的 EOF1 反映全区径流趋势基本一致的特征较为相似。此外，康丽莉等还提出，在 2069—2098 年，中游北部径流增加与南部径流减少相反，这也与 ssp585 情景下的EOF2 反映龙门以上流域径流增加与其他地区径流减少的特征类似。

在 ssp585 情景下，EOF1 的特征值基本为正，说明了黄河流域全区径流变化一致的特征，小川至头道拐区间径流变化幅度最小。而 EOF2 则反映出龙门以上流域与其他地区径流趋势相反的特征，EOF3 则表明流域东北部地区与其他地区径流趋势相反的特征。这 3 个模态与 ssp126 对应的 3 个模态有相似性，其共同特征表现在径流分布方向上，但趋势分界线存在差异。这一结论可以理解为：径流趋势分界线在 ssp585 情景下具有向北移动的趋势。结合时间系数可知，PC1 表明，在 2060 年以前，黄河流域呈现全区径流偏丰的特征，2060 年以后全区径流偏枯。由此也说明，黄河流域全区径流呈增加趋势。PC2结果表明，在 21 世纪后期，EOF2 的特征趋于明显，尤其在 21 世纪 90 年代后，龙门以下流域径流偏枯，而龙门以上偏丰。而 PC3 则反映，在 2038 年、2053 年、2054 年、2077 年、2079 年、2082 年等个别年份，黄河流域东北部地区径流趋势与其他地区相反。

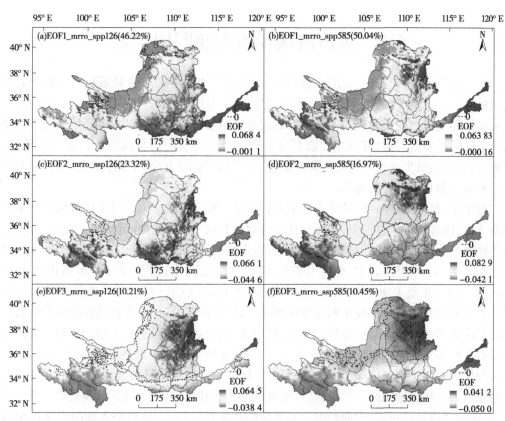

各图的 EOFi_mrro _ssp126/585（贡献率/%）表示径流深（mrro）在 ssp126/585 情景下的第 i 模态（EOFi），
括号内为该模态的贡献率；图中的 0 分界线为特征值正负分界线。

**图 6-7　ssp126[（a）（c）（e）]和 ssp585[（b）（d）（f）]情景下 2022—2100 年
黄河流域径流深空间场 EOF 的主要模态**

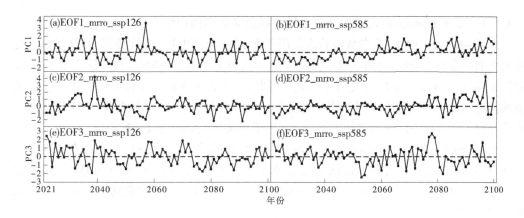

**图 6-8　ssp126[（a）（c）（e）]和 ssp585[（b）（d）（f）]情景下 2022—2100 年黄河流域
径流深空间场 EOF 的主要模态对应时间系数（PC1～PC3）**

6.3　黄河流域径流变化归因识别

　　由于人类活动和气候变化的双重影响,由径流变化主导的水资源系统变化规律表现出随机性、突变性和非线性等复杂的水文特性。与天然状态下的径流动态变化过程相比,二元水循环过程中径流变化的不确定性造成水资源短缺、洪涝灾害、生态环境恶化等极端水文事件的风险增大,对流域水生态环境健康和社会经济的可持续发展构成严重威胁。因此,为有效地减少和预防这些风险性事件,对流域径流变化归因进行量化识别,并对其进行未来预测具有重要的意义。

　　近年来,基于 Budyko 假设的水量平衡方法是一种常用于年以上尺度的流域水文响应预测方法,该方法以水量平衡为基础,具有参数易获取、不确定性小等优点。此外,Budyko水热耦合平衡关系具有明确的物理意义,可以定量描述降水、潜在蒸散发和人类活动与径流之间的关系,可用于评估预测未来年径流的长期变化过程。因此,本书选用基于 Budyko 假设的水量平衡方法和降尺度的全球气候模式(GCM)相结合,分析和预测黄河流域未来气候变化影响下的径流响应变化规律。此外,由于 Budyko 方程只能论证下垫面变化对径流的影响程度。除植被外,下垫面的因素还包括了地形地貌、土壤和其他人类活动等要素。而事实证明,自 20 世纪 90 年代起,黄河流域实施了一系列退耕还林(草)、天然林资源保护等生态恢复措施,导致流域部分地区的植被覆盖度显著增加,并有效地解决了一些区域的土壤侵蚀问题。但是,这也给流域的生态环境造成了一定的影响,如土壤干层增加、河流径流量减小等,进而影响生态系统的稳定性。因此,植被覆盖度的显著增加可能会影响径流量的变化,为了更清晰地研究它们之间的关系,根据 SVD 奇异值分解模型,分析流域不同地区间两者主要特征的关联性。

6.3.1　历史时期下径流归因研究

6.3.1.1　基于 Budyko 假设的黄河流域历史径流变化归因识别

　　Mann-Kendall (MK)非参数检验法常用于水文时间序列的突变性分析,其优点是不受序列个别异常值的影响,评估准确率较高,且无须样本服从特定的分布,被广泛应用于径流、蒸散发、降水等水文要素的变化规律研究。因此,本书选用 MK 法分析 1901—2014 年黄河流域径流的突变点,根据突变点将年径流深的时间序列划分为多个时期,利用 Budyko 水热耦合方程定量分析不同时期气候因子与人为因子对黄河流域径流变化的影响。

　　根据 1901—2014 年黄河流域年径流的 MK 突变检验(见图 6-9),径流深在 1951 年、1966 年发生突变,因此将径流深的变化划分为几个时期:基准期 (1901—1950 年)、变化期 1(1951—1966 年)、变化期 2(1967—2014 年)这 3 个时期来辨识黄河流域径流深变化的驱动因素。

　　1. 径流深、降水量和潜在蒸散发量的空间特征

　　根据 1901—1950 年、1951—1966 年、1967—2014 年黄河流域径流深、降水量和潜在蒸散发量的气候模式数据集计算获取这 3 个时期的空间分布形态(见图 6-10)。从图 6-10 中可以看出,各时期降水量空间分布与径流深较为相似,主要表现为:流域中下游、小

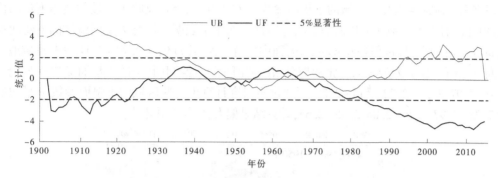

图 6-9　1901—2014 年黄河流域径流深 MK 突变检验分析

川站以上的上游地区径流深与降水量都较大,小川至头道拐区间偏小,空间上呈现出由南向北递减的特征,与许多研究结果相吻合。而潜在蒸散发量在黄土高原西北和东南地区偏大,贵德以上流域偏小。

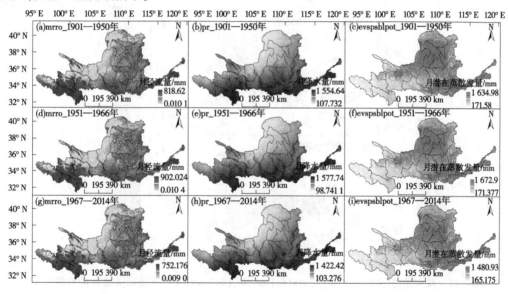

**图 6-10　黄河流域 1901—1950 年、1951—1966 年、1967—2014 年径流深[(a)(d)(g)]、
降水量[(b)(e)(h)]和潜在蒸散发量[(c)(f)(i)]的空间分布特征**

2. 径流的敏感性分析

根据 1901—1950 年、1951—1966 年、1967—2014 这 3 个时期的多年平均径流深、降水量和潜在蒸散发量应用 Budyko 方程计算径流对下垫面、降水量和潜在蒸散发量的弹性系数,探讨径流在不同地区上对各因素的敏感性。

将流域降水、径流和潜在蒸散发量的各阶段均值代入式(3-13)进行最小二乘法计算,分别率定不同时期下垫面参数 ω,计算获取 ω 在流域上的分布情况。由图 6-11 可知,不同时期的下垫面参数变化不大,吉迈以上流域、唐乃亥至下河沿区间具有最大的下垫面参数 ω,其值范围在 3.08~7.04,而吉迈以下的黄河源区、窟野河、内流区和下游地区具有最小的下垫面参数 ω,其值范围在 0.70~1.83,其他地区下垫面参数 ω 较多集中在 1.83~3.08。杨林等研究发现洮河与大夏河流域的下垫面参数 ω 在 1.05~1.57,反映了流域的整体下垫面情况,但并没有考虑到地区下垫面的空间异质性。而本书表明洮河与大夏河流域的下垫面参数 ω 在上游较小,其 ω 值在 0.69~2.79,而中下游较大,其 ω 值在 2.79~7.04,这些流域地区之间下垫面参数 ω 差异较大。张丽梅等指出渭河干流、泾河和状头的下垫面参数 ω 分别为 2.08~2.97、2.33~2.72、2.14~2.26,而通过本研究计算出这些区域的下垫面参数 ω 平均值为 2.73~2.97、2.76~2.86、2.55~2.65,计算结果偏大,但相差并不大。

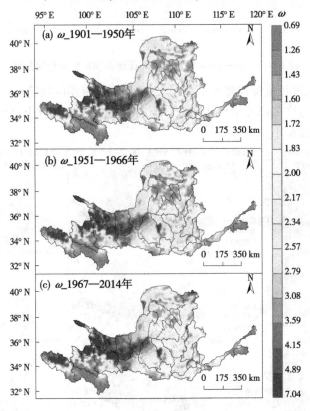

图 6-11　黄河流域 1901—1950 年、1951—1966 年、1967—2014 年下垫面参数 ω 的空间分布

由率定得到的下垫面参数,结合式(3-22)可以分别获取不同时期的径流对下垫面变化、降水、潜在蒸散发的弹性系数 ε_{ω}、ε_P、$\varepsilon_{\mathrm{ET}_0}$ 的空间分布。由径流对下垫面变化的弹性系数 ε_{ω}(见图 6-12)可知,各时期的变化趋势基本一致,但也不排除局部地区值有小幅度的变化,且不同地区之间 ε_{ω} 相差较大,但具有明显的连续性空间分布,其值分布在 -7.8~-0.6,即黄河流域下垫面变化 1%,径流减少 6%~78%。绝对值最小的 ε_{ω} 位于以吉迈以下为主的黄河源区,ε_{ω} 值主要分布在 -1.9~-0.6,即该地区的下垫面每变化 1%,径流减少 6%~19%。而绝对值最大的 ε_{ω} 位于贵德—石嘴山区间,该地区的 ε_{ω} 分布在 -7.8~-5,即下垫面每变化 1%,径流减小 50%~78%。由此可知,黄河流域径流与下垫面变化呈负相关关系。

根据 1901—1950 年、1951—1966 年、1967—2014 年这 3 个时期径流对降水变化的弹性系数 ε_P 分布可知,黄河流域降水对径流具有正向作用,其 ε_P 值分布在 1.44~7.68,即

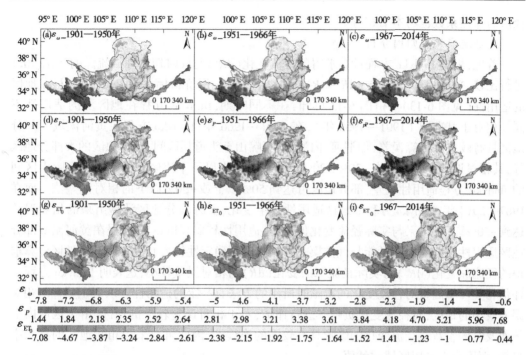

图 6-12　黄河流域 1901—1950 年、1951—1966 年、1967—2014 年径流深对下垫面 [(a)(b)(c)]、
降水量[(d)(e)(f)] 和潜在蒸散发量[(g)(h)(i)] 的弹性系数 ε_ω、ε_P、ε_{ET_0}

黄河流域降水每变化 1%,径流增加 14.4%~76.8%,区域间差异较大。吉迈以上流域、唐乃亥至头道拐区间、渭河上游、泾河等具有较大的 ε_P,尤其在唐乃亥至下河沿区间和吉迈以上流域,其 ε_P 值范围主要在 3.84~7.68,即这些地区的降水量变化 1%,径流增加 38.4%~76.8%。而吉迈以下的黄河源区和部分中下游地区的 ε_P 较小,说明这些地区径流对降水敏感性较弱,尤其在吉迈以下的黄河源区,其 ε_P 值范围主要在 1.44~2.35,即该地区降水每变化 1%,径流增加 14.4%~23.5%,是全区最小的地区。因此,黄河流域径流与降水呈正相关关系。

黄河流域径流对潜在蒸散发的弹性系数 ε_{ET_0} 分布与降水相似,但对径流的作用相反。由 3 个时期的空间分布可知,绝对值最小的 ε_{ET_0} 分布在吉迈以下的黄河源区,其 ε_{ET_0} 值范围主要在-1.23~-0.44,即该地区潜在蒸散发每变化 1%,径流减小 4.4%~12.3%。而在唐乃亥至下河沿区间,其 ε_{ET_0} 较大,其值范围在-7.08~-3.24,即该地区潜在蒸散发每变化 1%,导致径流减小 32.4%~70.8%。中游大部分地区的 ε_{ET_0} 较小,主要在-2.15~-0.44,而黄土高原北部地区相对中游其他地区较小,中部和南部较大。

总体而言,贵德至头道拐区间流域的径流深对降水、潜在蒸散发和下垫面变化都较为敏感,下游地区和吉迈至唐乃亥区间则相反,主要表现为径流深与潜在蒸散发、下垫面变化呈负相关,但与降水呈正相关。对此,许多研究也具有类似的结论。如薛帆等指出,1959—2019 年北洛河降雨弹性系数为 2.68~2.80,潜在蒸散发弹性系数为-1.80~-1.68,下垫面弹性系数为-0.85~-0.77。除下垫面弹性系数外,结论与本书较为一致。而多个文献在大夏河、洮河地区、汾河上游、渭河流域等地区提出的气象因子和下垫面对径流的弹性系数也与本书相符。

　　3. 径流变化的归因分析

　　首先,根据 Budyko 方程计算求得的径流变化(dR′)与同时期实际径流深的变化(dR)进行比较,采用相对误差 δ=(dR′-dR)/dR×100%这一评价指标评估 Budyko 方程在地区的适用性(见图 6-13)。由图 6-13 可知,在不同时期,Budyko 方程在地区上的适用性不同。相对于基准期(1901—1950 年),在 1951—1966 年,Budyko 方程在黄河流域大部分地区具有较好的计算误差,如渭河、内流区、石嘴山至头道拐区间、黄河源区的大部分地区等,其相对误差范围主要在-20%~20%。而在头道拐以下干流区间和贵德—石嘴山区间的 Budyko 方程适用性较差,部分地区可达到 50%以上或-50%以下的相对误差值。而在1967—2014 年,Budyko 方程的地区适用性发生变化,上游部分地区计算出来的相对误差达到-50%以下,结果与实际径流变化偏小,其适用性较弱。Budyko 方程在黄河流域部分地区适用性较差的原因可能与气候模式数据集的不确定性较大有关。而部分地区计算求得的径流深变化(dR′)与实际径流深的变化(dR)的相对误差较小,这表明 Budyko 方程在评估相关环境因素对径流变化的贡献时所用的方法有一定的适用性。以下主要针对相对误差较小的地区,对径流变化贡献率进行评估,对于相对误差较大的地区,由于区域内下垫面及气候参数对径流变化的影响具有较强的连续性,因此可以采用相邻地区的贡献率趋势,而不直接采用区域贡献值。

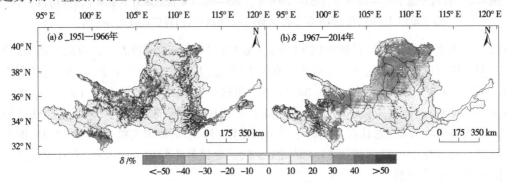

图 6-13　1951—1966 年、1967—2014 年黄河流域各地区 Budyko 方程的相对误差 δ 分布

　　气候变化(降雨和潜在蒸散发)和下垫面变化(参数 ω)对径流变化的影响程度如图 6-14 所示。由图 6-14 可以看出,不同时期、不同流域降雨、潜在蒸散发量的变化和人类活动对黄河流域径流变化的影响程度不同。后文将主要针对黄河流域主要河段和流域进行径流归因分析。与基准期相比,1951—1966 年黄河源区的下垫面变化对径流增加的贡献率在 20%~80%,其降水变化对径流的贡献率在-20%~80%,而潜在蒸散发对径流减小的贡献率为 80%~150%,因此,潜在蒸散发是黄河源区径流减小的主导因素。大通河与湟水河流域、唐乃亥至贵德区间的下垫面变化对径流的贡献率为-20%~80%,降水变化对径流的贡献率为-200%~-100%,而潜在蒸散发对径流的贡献率为 100%~200%。由此可知,这些地区气象因素对径流变化影响最大。对于兰州至头道拐区间,下垫面变化对径流的贡献率在 60%~100%,降水对径流的贡献率在-40%~80%,而潜在蒸散发对径流的贡献率在-20%~20%。因此该河段流域径流受下垫面影响最大,其次是降水,潜在蒸

散发最小。而在头道拐至龙门干流区间,下垫面变化和降水对径流的贡献率均为60%~80%,潜在蒸散发对径流的贡献率为-40%~-20%;而内流区下垫面变化对径流的贡献率为60%~80%,降水变化对径流的贡献率为-60%~-40%,而潜在蒸散发对径流的贡献率为60%~80%;渭河流域的3个三级子流域径流变化受不同因素影响,在北洛河流域,降水对径流变化的贡献率在-200%~-150%,是该地区径流变化的主导因素。在泾河流域和渭河干流,下垫面变化对径流影响最大,其贡献率为100%~150%;汾河流域降水对径流变化的贡献率为80%~100%,而潜在蒸散发对径流变化的贡献率为-80%~-60%,均比下垫面对径流的影响大。在伊洛河流域,相对于黄河流域其他地区而言,下垫面变化对径流的影响最大,受气象因素影响较小。而对于下游地区,下垫面促进径流增长,而降水是径流变化的主导因素,贡献率在80%~100%。

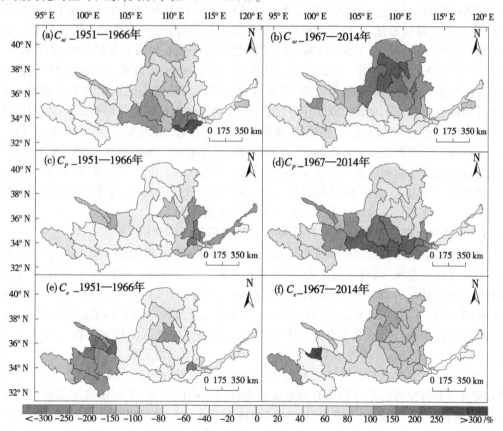

图 6-14 黄河流域 1951—1966 年、1967—2014 年径流深对下垫面变化(C_ω)[(a)(b)]、降水量(C_P)[(c)(d)]和潜在蒸散发量(C_e)[(e)(f)]的贡献率

与基准期(1901—1950 年)相比,1967—2014 年黄河流域各地区径流变化的因素发生显著改变,变化最为明显的地区分布在中部地区。在黄土高原地区的北部地区,如内流区、永定河、下河沿至龙门区间等,下垫面变化对径流变化的贡献率最大,表明这些地区的下垫面条件在该时期内发生了较大改变,导致该河段的径流减小,其贡献率也相对于前期提升至100%以上,下垫面对径流的作用在增强。而在渭河和伊洛河流域等地区,降水条件成为该

地区径流变化的主要原因,其对径流的贡献率在 100% 以上。吉迈以下的黄河源区的径流在该时期主要受下垫面变化的影响,其贡献率在 20%~80%,其他因素作用较小。而在吉迈以上流域与黄河源区其他地区不同,该地区主要受气象因素的影响,降水、潜在蒸散发对径流的贡献率分别为 -100%~-80%、100%~150%,具体表现为该时段的降水、潜在蒸散发变化分别导致径流减小、增加。在唐乃亥至贵德区间,与附近地区不一致,潜在蒸散发导致该地区径流减小,下垫面变化促进径流增长。而在下游地区,下垫面变化是该河段径流减小的主要原因,而降水促进该地区径流增加,下垫面变化作用低于气象要素。

综上所述,在 1951—1966 年,黄河源区径流变化主要受潜在蒸散发,而在 1967—2014 年,下垫面变化成为径流减小的主导因素,这可能与多年来黄河源区人类活动干预下草场退化、生态恶化等生态问题密切相关。而下河沿至龙门区间下垫面变化对径流减小的作用随时间推移而增强,这些地区集中分布有多沙粗沙区,已经不同程度地出现了水土流失现象,导致生态环境恶化、土地资源破坏以及河流泥沙增加,进一步影响产汇流过程。而对于渭河、伊洛河流域,在 1951—1966 年,径流变化主要受下垫面变化的影响,而 1967—2014 年,降水量占主导作用。王国庆等也认为,20 世纪 80 年代以来,人类活动和气候变化对径流的影响量相对低于其他时期,降水减少是伊洛河流域径流减少的主要原因。张鹏飞等则研究表明,除 1996—2005 年外,气候变化对伊洛河径流变化影响最大,与倪用鑫等结论相反。而对于渭河流域,侯钦磊、张丽梅等研究表明,20 世纪 80 年代以来,渭河干流径流量减少的主要原因是人类活动,其次是降水。结论不一致的原因可能与基准期、研究期的选取或以空间和点推导的差异有关。在下游地区,在 1951—1966 年,降水增加是径流增加的主导因素,而在 1967 年以后,下垫面变化导致径流减小,这可能与黄河流域中游水土流失导致下游河道泥沙淤积与社会取用水增加有关。

6.3.1.2　历史时期下植被覆盖度与径流的 SVD 奇异值分解分析

为了进一步探究历史时期植被覆盖度与径流之间的关系,将 1901—2014 年黄河流域植被覆盖度作为左场,同期径流作为右场进行 SVD 奇异值分解。SVD 分析表明,第 1 模态的协方差贡献率为 88.54%(见图 6-15、图 6-16),图 6-15、图 6-16 中为两者第 1 模态异性相关图。第 1 模态空间分布结构显示植被覆盖度与径流深之间总体呈正相关态势,左场径流深异性相关分布图除吉迈以上流域外,黄河流域其他地区的相关系数大于 0,结合显著性检验可以看出,黄河流域的植被覆盖度影响径流深的关键区在中游地区和贵德至下河沿区间。与此对应的右场植被覆盖度异性相关系数的分析图大部分为正相关区,负相关区主要分布在黄河源区和石嘴山至头道拐区间。由此可知,黄河源区东部植被覆盖度偏小,而黄河源区西部和头道拐以下流域植被覆盖度偏大时,吉迈以上的黄河源区径流偏枯,而中游地区和贵德至石嘴山区间的径流偏多。陈丽丽等也研究表明,黄河河源区径流随植被覆盖度增加和降水量增加而减小和增加。结合时间系数可知,其左、右场时间系数的相关系数为 0.40,且其相位变化较为一致,但部分年份径流表现出对植被覆盖度变化的响应时间为滞后一年,说明两者的关系较为密切。

6.3.2　未来时期下径流归因研究

6.3.2.1　基于 Budyko 假设的黄河流域未来径流变化归因识别

本小节主要探讨 2022—2100 年黄河流域径流变化的因素,以 1967—2014 年为新的

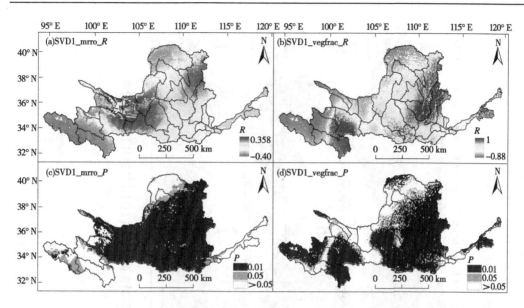

图 6-15　1901—2014 年黄河流域第 1 模态径流深(a)(c)与植被覆盖度(b)(d)异性相关性分布与显著性分析

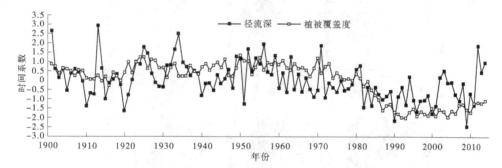

图 6-16　1901—2014 年黄河流域第 1 模态植被覆盖度与径流 SVD 的第 1 模态对应时间系数

基准期,将未来时期分别划分为 2022—2040 年、2041—2060 年、2061—2080 年、2081—2100 年,通过这 4 个时期作为变化期分别探讨不同时期下影响径流变化的主要因素,以便于为黄河流域未来时期水资源管理、保护和可持续发展提供一定的科学依据。后文主要从不同时期的气象要素和下垫面变化空间分布特征、敏感性系数和各因素对径流变化的贡献进行分析。

1. 未来径流深、降水量和潜在蒸散发量的空间分布特征

根据 2022—2100 年黄河流域径流深、降水量和潜在蒸散发量的降尺度数据集计算获取未来时期下各变量的空间分布变化过程(见图 6-17)。由图 6-17 可知,在 ssp126 情景下,各时期降水量空间分布与径流深具有一定的空间相似性,主要表现在流域中下游、兰州以上流域的径流深与降水量较大,兰州至头道拐区间偏小,呈现出东南向西北递减的空间特征。黄土高原和下游潜在蒸散发量较大,而黄河源区则相对较小,空间上呈现由东向西递减的特征。在 ssp585 情景下,径流深、降水量和潜在蒸散发量空间分布与 ssp126 情景类似(见图 6-18)。

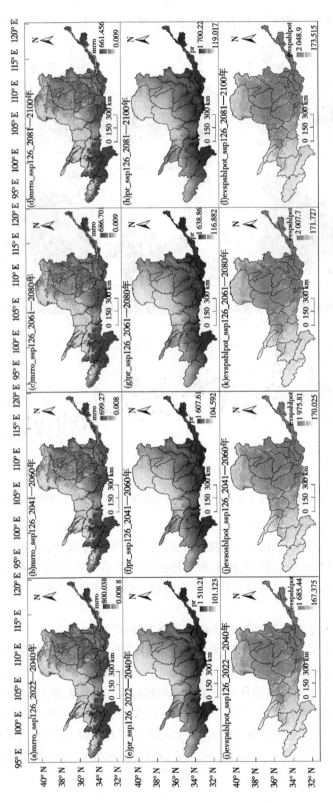

图6-17 ssp126情景下不同时期径流深[(a)(b)(c)(d)]、降水量[(e)(f)(g)(h)]和潜在蒸散发量[(i)(j)(k)(l)]的空间分布

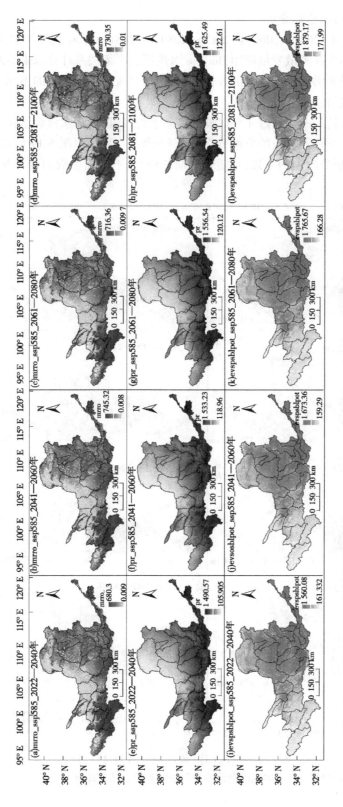

图 6-18　ssp585 情景下不同时期径流深 [(a) (b) (c) (d)]、降水量 [(e) (f) (g) (h)] 和潜在蒸散发量 [(i) (j) (k) (l)] 的空间分布

2. 未来径流变化的敏感性分析

根据 2022—2040 年、2041—2060 年、2061—2080 年、2081—2100 这 4 个时期的多年平均径流深、降水量和潜在蒸散发量应用 Budyko 水热耦合平衡关系计算未来不同时期下径流对下垫面、降水量和潜在蒸散发量的弹性系数,探讨径流在不同时期的不同地区上对各因素的敏感性变化过程。

与历史时期计算过程一致,通过 4 个时期的多年平均径流深、降水量和潜在蒸散发量率定下垫面参数,获取下垫面参数的空间分布特征(见图 6-19)。由图 6-19 可知,下垫面参数空间分布特征与历史时期的一致,且随着时期的转变,下垫面参数的变化并不大,在此不做详细论述。

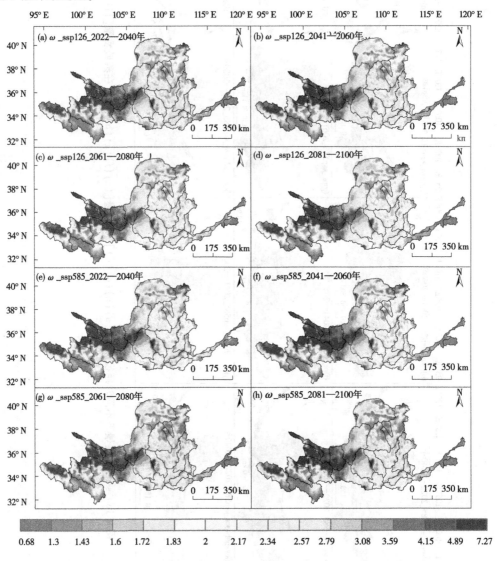

图 6-19　ssp126[(a)(b)(c)(d)]和 ssp585[(e)(f)(g)(h)]
排放情景下 4 个时期的黄河流域下垫面参数 ω 的空间分布

　　由计算结果可知,ssp126、ssp585 情景下,各时期的径流深对降水量、下垫面、潜在蒸散发量的弹性系数空间分布基本一致(见图 6-20、图 6-21)。在 ssp126 情景下,贵德至头道拐区间径流对下垫面变化的弹性系数范围主要在−7.6~−4.9,该地区是流域 ε_ω 绝对值最大的地区,即下垫面每变化 1%,该地区的径流变化 49%~76%,且呈负相关关系。而吉迈以下的黄河源区 ε_ω 绝对值最小,主要分布在−1.3~−0.6,即该地区的下垫面每变化1%,径流变化 6%~13%,相对于流域其他地区,径流对下垫面变化的敏感性较低。而在中游地区,ε_ω 多分布在−3.2~−2.2,即这些地区下垫面每变化 1%,径流变化 22%~32%,下游地区较吉迈以下的黄河源区高,其 ε_ω 值范围在−2.4~−1,较中游、贵德至头道拐区间低。

　　就降水、潜在蒸散发而言,二者的空间分布特征相似,且变化幅度不大。黄河源区吉迈以下径流对降水变化的敏感性较低,其 ε_P 值变化范围为 1.4~2.4,即该地区降水每变化 1%,径流变化 14%~24%,同时对潜在蒸散发变化敏感度也较低,比降水敏感性低,其 ε_{ET_0} 值变化范围为−1.2~−0.4,即该地区潜在蒸散发每变化 1%,径流变化 4%~12%。而在贵德至头道拐区间的弹性系数与黄河源区吉迈以下相反,在整个黄河流域范围内,径流对降水和潜在蒸发最为敏感,ε_P 的变化范围为 3.2~8.3,即该地区的降水每变化 1%,径流变化 32%~83%,而 ε_{ET_0} 的变化范围分布在−7.6~−2.1,即该地区的潜在蒸散发每变化1%,径流变化 21%~76%。对于中游地区,头道拐至龙门区间径流对降水和潜在蒸散发敏感性均低于龙门以下中游地区,头道拐至龙门区间的 ε_P 值主要分布在 2.2~3,ε_{ET_0} 的变化范围为−1.9~−1,而龙门以下中游地区,如汾河中下游、泾河、北洛河等,ε_P 的变化范围 3~3.7,ε_{ET_0} 的变化范围为−2.9~−1.9。而下游地区径流对这两者的敏感度都较低,ε_P、ε_{ET_0} 分别分布在 1.4~2.5、−1.3~−0.4。在 ssp585 情景下,各弹性系数空间分布与 ssp126 情景基本一致,因此本书不再赘述。

　　3. 未来径流变化的归因分析

　　由于未来数据集存在不确定性,为验证结果的可信度,对 Budyko 水热耦合平衡关系计算所获得的径流变化与降尺度后数据集的径流变化进行比较,计算其相对误差 δ,分析 Budyko 表达式在未来不同时段对各地区的适用性,为进一步开展径流归因分析提供依据。

　　根据未来 ssp126、ssp585 情景下不同时期的径流变化,计算其相对误差 δ(见图 6-22)。在不同时期,各地区计算出来的 δ 也各不一致。从图 6-22 中可以看出,在 ssp126 情景下,黄河流域中部地区 δ 较大,主要是由 Budyko 公式计算得到的径流变化大于气候模式数据集。而在 ssp585 情景下,δ 大值区比 ssp126 情景下小,也表现为径流变化的计算值偏大。根据 δ 分布,为了获取更为准确的径流归因空间分布特征,避免在相对误差较大的区域采用 Budyko 表达式,相反,在一定的适用区范围内使用 Budyko 表达式获取这些地区的径流归因数据。对于相对误差较大的地区,采用邻区数据插补,且以二级子流域为水文单位进行径流归因分析,采用流域算术平均法降低数据噪点对结果的影响。值得注意的是,由于部分地区 δ 较大,且流域内无栅格点采用 Budyko 表达式无法获得相应区域径流变化过程,可能存在部分区域数据缺失的情况。

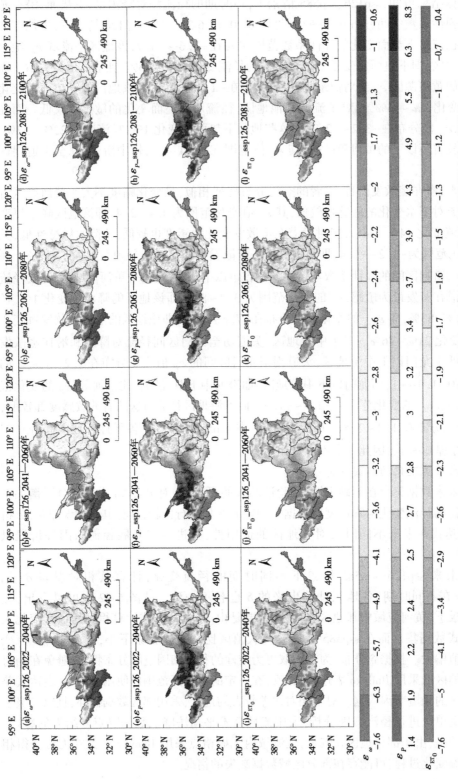

图 6-20 ssp126 情景下不同时期的 ε_ω[（a）（b）（c）（d）]、ε_P[（e）（f）（g）（h）]、ε_{ET_0}[（i）（j）（k）（l）] 的空间分布

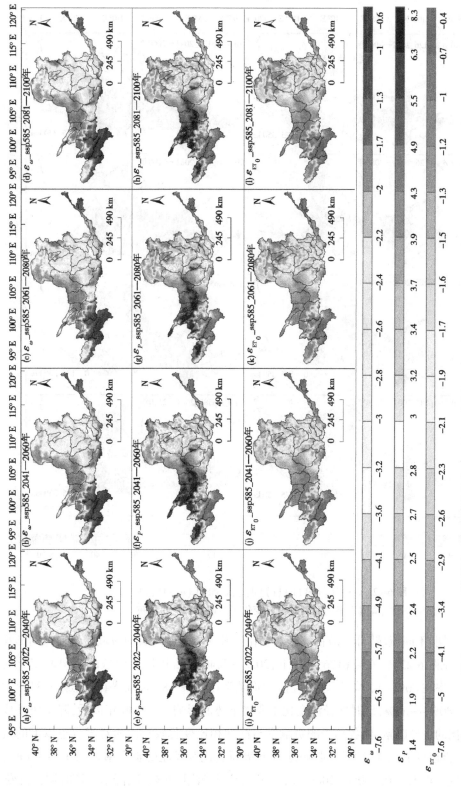

图 6-21　ssp585 情景下不同时期的 ε_ω [(a)(b)(c)(d)]、ε_P [(e)(f)(g)(h)]、ε_{ET_0} [(i)(j)(k)(l)] 的空间分布

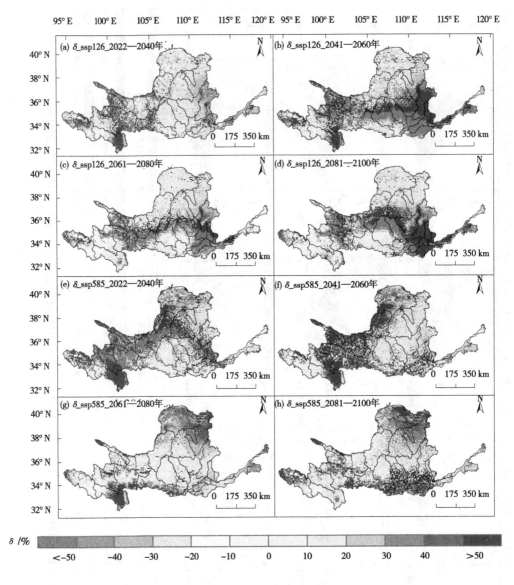

图 6-22　ssp126[(a)(b)(c)(d)]、ssp585[(e)(f)(g)(h)]
情景下不同时期的径流变化相对误差 δ 空间分布

　　不同时期、不同流域降雨、潜在蒸散量变化以及人类活动对黄河流域径流变化的影响程度不同(见图 6-23)。在 ssp126 情景下,2022—2040 年吉迈以上流域的下垫面变化对径流的贡献率在 80%~100%,降水对径流的贡献率在 60%~80%,而潜在蒸散发对径流的贡献率在-80%~-60%,该时期径流变化主要受下垫面影响,到 2040 年以后,降水条件成为径流变化的主导因素,但各因子的贡献率与前期相比变化较小。而对于吉迈以下的黄河源区,与吉迈以上流域有所不同,该地区下垫面变化对径流的贡献率在-80%~-40%,降水对径流的贡献率在 100%~200%,潜在蒸散发对径流影响较小,降水是该时期径流变

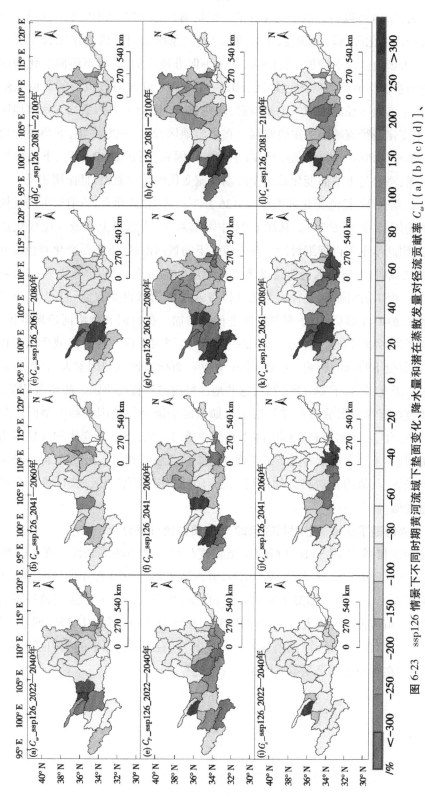

图 6-23　ssp126 情景下不同时期黄河流域下垫面变化、降水量和潜在蒸散发量对径流贡献率 C_ω [(a) (b) (c) (d)]、C_P [(e) (f) (g) (h)]、C_e [(i) (j) (k) (l)] 的空间分布变化过程

化的主要因素,2040 年以后各因子对径流的影响均增强。2022—2040 年下河沿—龙门区间各因素对径流变化影响较为均衡,2040 年以后,气象因素对径流的作用大于下垫面变化,主要表现为该地区降水增加、潜在蒸散发减小促进径流增加,而下垫面变化抑制径流增长。在渭河和伊洛河流域等附近地区,2022—2040 年,降水对该流域的径流贡献率为 80%~200%,是该地区径流增加的主导因素,但在 2040 年以后,各因素均导致该地区径流减小,而降水变化是径流减小的主要原因。在下游地区,2022—2040 年,下垫面变化对径流减小的贡献率为 80%~100%,是径流减小的主要因素,而在 2040 年后,下垫面变化对径流作用减弱,降水与下垫面变化是这个时期径流变化的主要原因,且作用相反。

在 ssp585 情景下,径流变化过程与 ssp126 并不一致,总体而言,该情景下的气候变化对径流的影响加大(见图 6-24)。从图 6-24 中可以看出,吉迈以上流域径流变化过程与 ssp126 相似,因此本书不再详细讨论。在吉迈以下的黄河源区,下垫面变化对径流的影响较 ssp126 情景减弱,它与降水仍然是该地区径流增加的因素,且以降水为主。而对于下河沿—龙门区间和汾河流域,其径流变化过程与 ssp126 情景也类似,不同的是,下河沿—石嘴山区间在 2040 年以后,下垫面变化促进径流增加。在渭河和伊洛河流域等地区,不同子流域间径流影响因素差别较大。2022—2040 年,渭河干流区各子流域径流变化过程基本一致,主要受下垫面的影响,其贡献率在 100%~200%,比气象因素大,且各因素均抑制径流增长。因此,相对于 ssp126 情景,这些地区径流减小程度增强。2040 年以后,渭河干流区的子流域间径流形成过程差异变大。如渭河干流受气象因素和下垫面的共同影响,2041—2080 年,径流将有较大幅度减小。而在泾河流域,下垫面变化和气象因素均促进径流增加,且气象因素贡献率大于下垫面变化。在北洛河和伊洛河流域,除下垫面变化抑制径流增长外,其他因素对径流的作用与泾河类似。在下游地区,其径流影响因素与 ssp126 情景类似。

6.3.2.2　未来时期下植被覆盖度与径流的 SVD 奇异值分解分析

与历史时期相同,采用 SVD 分析植被覆盖度与径流之间的关联性。在 ssp126 情景下,植被覆盖度与径流深的奇异值分解(SVD)分析结果表明,第 1 模态的协方差贡献率为 88.93%(见表 6-2)。由第 1 模态(见图 6-25)可知,当贵德—下河沿区间植被覆盖度偏小,而黄河源区植被覆盖度偏大时,黄河源区北部和河套平原北部地区径流偏小,泾河中下游径流偏大。结合时间系数(见图 6-26)可知,其左、右场时间系数的相关系数为 0.53,相关关系较大,在时间序列上基本呈同相位变化过程。

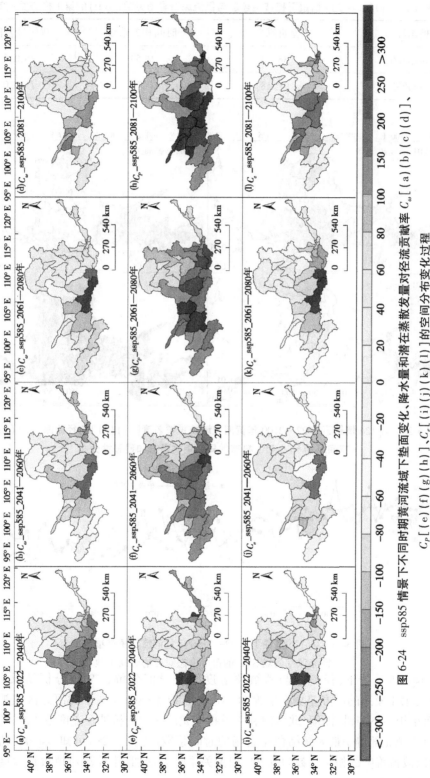

图 6-24　ssp585 情景下不同时期黄河流域下垫面变化、降水量和潜在蒸散发量对径流贡献率 C_ω[（a）（b）（c）（d）]、C_P[（e）（f）（g）（h）]、C_c[（i）（j）（k）（l）]的空间分布变化过程

表 6-2　ssp126、ssp585 情景下植被覆盖度与径流深奇异值分解(SVD)的第 1 模态贡献率

模态序号	方差贡献率/%	时间相关系数	双尾显著检验
ssp126	88.93	0.53	$P<0.01$
ssp585	98.18	0.74	$P<0.01$

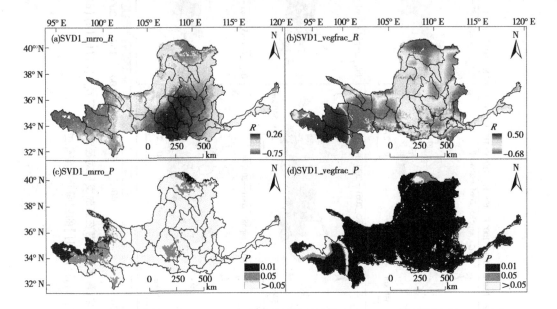

图 6-25　ssp126 情景下 2022—2100 年黄河流域植被覆盖度[(a)(c)]与径流深[(b)(d)]
空间场的 SVD 第 1 模态的异性相关系数和显著性分析

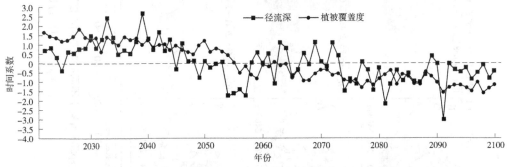

图 6-26　ssp126 情景下 2022—2100 年黄河流域植被覆盖度与
径流深空间场 SVD 的第 1 模态对应的时间系数

在 ssp585 情景下,径流深与植被覆盖度的奇异值分解(SVD)分析结果表明(见图 6-27),第 1 模态的协方差贡献率为 98.18%,且第 1 模态反映了黄河源区植被覆盖度偏大,而小川—下河沿、泾河、北洛河和头道拐—龙门区间的植被覆盖度偏小时,流域径流偏小,而流域北部偏小最大。结合左右场的时间系数(见图 6-28)可知,ssp585 情景下径流深与植被覆盖度的相关系数为 0.74,相关关系较为密切,年径流对植被覆盖度的响应时间滞后约 1 年。

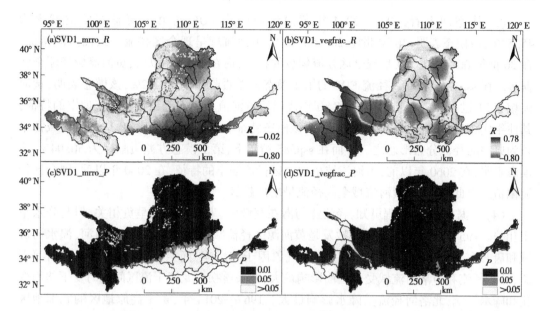

图 6-27　ssp585 情景下 2022—2100 年黄河流域植被覆盖度[(a)(c)]与径流深[(b)(d)]空间场 SVD 第 1 模态的异性相关系数和显著性分析

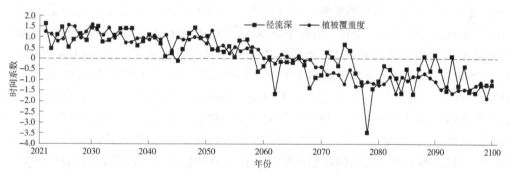

图 6-28　ssp585 情景下 2022—2100 年黄河流域植被覆盖度与径流深空间场 SVD 的第 1 模态分析对应时间系数

6.4　本章小结

本章介绍了黄河流域年径流深的时空特征,并分别构建了降尺度 Budyko 模型和 SVD 模型量化黄河流域土地覆被/植被覆盖度对径流变化的关系。结论如下:

(1)根据 MAE、TS、S 和 SS 这 4 个评价指标可知,CMCC-ESM2、FGOALS-f3-L、FIO-ESM-2-0 气候模式模拟黄河流域的径流深效果最优。

(2)从时间序列来看,1901—2014 年黄河流域的多年平均径流深为 53.81 mm,标准差为 4.45 mm,平均变化率为 -0.42 mm/10 a($P<0.01$)。在 2022—2100 年,ssp126、ssp585 情景的径流变化率分别为 0.12 mm/10 a($P>0.05$)、2.4 mm/10 a($P<0.01$),说明随着排放浓度增加,径流深增加越快。

(3) 从空间上看,1901—2014 年黄河流域径流 EOF 的第 1 模态方差贡献率为 45.53%,该模态表明,在 20 世纪 20—50 年代,黄河流域呈现全区径流一致偏多的特征,在 20 世纪 60 年代以后,呈现全区径流偏少的特征,而在 2010 年以后,黄河流域径流全区偏多。在 ssp126 情景下,径流 EOF 的第 1 模态方差贡献率为 46.22%,该模态表明,黄河流域在 21 世纪 30 年代、50 年代和 80 年代以后黄河流域呈大部分地区径流偏丰的特征,其他年代相反,由时间系数变化率可知,该模态特征在年份上分布均匀,是黄河流域常年较为典型的径流分布形态之一。而在 ssp585 情景下,第 1 模态方差贡献率为 50.04%,该模态表明,在 2060 年以前,黄河流域呈现全区径流偏丰的特征,在 2060 年以后,则全区径流偏枯。由此也说明,黄河流域全区径流呈增加趋势。

(4) 根据 Budyko 方程可知,径流深与潜在蒸散发、下垫面变化呈负相关,但与降水呈正相关。1951—1966 年,潜在蒸散发是黄河源区径流减小的主导因素,大通河、湟水河流域和唐乃亥至贵德区间径流变化主要受气象因子的影响,而兰州—头道拐区间、渭河干流、泾河径流和伊洛河流域受下垫面影响最大,在头道拐—龙门干流区间同时受下垫面变化和降水影响,北洛河径流受降水影响最大。1967—2014 年,黄土高原地区的北部地区下垫面变化对径流的贡献率最大,而在渭河和伊洛河流域等地区,降水条件成为该地区径流变化的主要原因。黄河源区吉迈以下流域的径流主要受下垫面变化的影响,吉迈以上流域的径流主要受气象因素的影响。在唐乃亥—贵德区间,潜在蒸散发导致该地区径流减小,下垫面变化促进径流增长。而在下游地区,下垫面变化是该河段径流减小的主要原因,而降水促进该地区径流增加,下垫面变化作用低于气象要素。在 ssp126 情景下,2022—2040 年,吉迈以上流域的径流主要受下垫面影响,而在 2040 年以后,降水条件成为径流变化的主要原因。而对于吉迈以下的黄河源区,降水是该时期径流变化的主要因素,且在 2040 年以后,各因素对径流增加的作用均增强。在下河沿—龙门区间,2022—2040 年该地区的径流变化受各因素影响较为均衡,而在 2040 年以后,降水、潜在蒸散发促进径流增加,而下垫面变化抑制径流增长。在渭河和伊洛河流域等附近地区,2022—2040 年,降水是该地区径流增加的主导因素,但在 2040 年以后,降水变化是径流减小的主要原因。在下游地区,2022—2040 年下垫面变化是径流减小的主要因素,而在 2040 年以后,降水与下垫面变化是这个时期径流变化的主要原因,且作用相反。在 ssp585 情景下,吉迈以上流域径流变化过程与 ssp126 相似。在吉迈以下的黄河源区,降水重要性较高。下河沿—龙门区间和汾河流域径流变化过程与 ssp126 情景也类似,不同的是,下河沿—石嘴山区间,2040 年以后,下垫面变化促进径流增加。渭河干流区在 2022—2040 年,主要受下垫面的影响。2040 年以后,渭河干流受气象因素和下垫面的共同影响,在 2041—2080 年,径流将有较大幅度减小。而在泾河流域,下垫面变化和气象因素均促进径流增加,且气象因素贡献率大于下垫面变化。在北洛河和伊洛河流域,除下垫面变化抑制径流增长外,其他因素对径流的作用与泾河类似。在下游地区,其径流影响因素与 ssp126 情景类似。

(5) 根据 SVD 模型可知,1901—2014 年,黄河源区东部植被覆盖度偏小,而黄河源区西部和头道拐以下流域植被覆盖度偏大时,吉迈以上的黄河源区径流偏枯,而中游地区和贵德—石嘴山区间的径流偏多。在 ssp126 情景下,当贵德—下河沿区间植被覆盖度偏小,而黄河源区植被覆盖度偏大时,黄河源区北部和河套平原北部地区径流偏小,泾河中下游径流偏大。在 ssp585 情景下,黄河源区植被覆盖度偏大,而小川—下河沿、泾河、北洛河和头道拐—龙门区间的植被覆盖度偏小时,流域径流偏小,而流域北部偏小最大。

第 7 章　气候模式对黄河流域
极端降水指数的模拟

7.1　数据与方法

7.1.1　数据收集与处理

基于前人研究,本书选取 CMIP6 计划中对于黄河流域极端降水指数模拟较优且资料完备的 6 个模式探究历史及未来时期降水量,包括 EC-Earth3、EC-Earth3-Veg、GFDL-ESM4、MPI-ESM1-2-HR、MRI-ESM2-0 和 IPSL-CM6A-LR 的日降水数据集(见表 7-1),数据来源于 https://esgf-index1.ceda.ac.uk/projects/cmip6-ceda/。

表 7-1　气候模式信息

序号	气候模式	分辨率/km	发布国家
1	EC-Earth3	100	英国
2	EC-Earth3-Veg	100	瑞典
3	GFDL-ESM4	100	美国
4	MPI-ESM1-2-HR	100	德国
5	MRI-ESM2-0	100	日本
6	IPSL-CM6A-LR	100	法国

下载的 CMIP6 数据集提供了 1970—2014 年历史模拟及 2015—2100 年未来预估日降水数据,为与其保持时间信息一致性,本书以 1980—2014 年为历史基准期,以 2022—2100 年作为未来预估期,选取 3 种不同共享社会经济路径,即低、中、高排放情景下的 ssp1-2.6(简称 ssp126)、ssp2-4.5(简称 ssp245)和 ssp5-8.5(简称 ssp585)进行对比分析。

根据 IPCC 第 4 次报告所确定的 27 个核心极端气候指数,本书选择 12 个极端降水指数作为评估指标(见表 7-2),SDII(90)、SDII(95)可由 SDII 拓展计算。从降水的强度、频次、持续性和贡献率等方面全面评估黄河流域降水特性。

表 7-2 极端降水指数含义

缩写	指数名称	定义	单位
CDD	连续干旱日数	日降水量<1 mm 的最长连续日数	d
CWD	连续湿润日数	日降水量≥1 mm 的最长连续日数	d
PRCPTOT	年降水量	≥1 mm 降水日累计量	mm
SDII	降水强度	降水量≥1 mm 的总量与日数之比	mm/d
R10MM	中雨日数	日降水量≥10 mm 的总日数	d
R20MM	大雨日数	日降水量≥20 mm 的总日数	d
R95P	强降水量	95%分位值强降水量之和	mm
SDII(95)	强降水强度	95%分位值强降水量之和与强降水日数之比	mm/d
R90P	大雨降雨量	90%分位值大雨降水量之和	mm
SDII(90)	大雨降水强度	90%分位值大雨降水量之和与大雨日数之比	mm/d
RX1Day	日最大降水量	年内最大一日降水量	mm
RX5Day	五日最大降水量	年内连续五日最大降水量	mm

7.1.2 研究方法

7.1.2.1 Delta 降尺度

为保持数据分辨率的一致性,本书采用双线性插值法将所有历史及未来数据统一插值到 $0.25° \times 0.25°$ 网格。双线性插值是对线性插值在二维向量上的拓展,即在两个方向上分别进行一次线性插值。求解位置函数 f 在点 $P(x, y)$ 的值,假设已知函数 f 在 4 个点 $Q_{11}(x_1, y_1)$、$Q_{12}(x_1, y_2)$、$Q_{21}(x_2, y_1)$ 和 $Q_{22}(x_2, y_2)$,求解过程如下:

$$\left. \begin{array}{l} f(x, y_1) \approx \dfrac{x_2 - x}{x_2 - x_1} f(Q_{11}) + \dfrac{x - x_1}{x_2 - x_1} f(Q_{21}) \\[3mm] f(x, y_2) \approx \dfrac{x_2 - x}{x_2 - x_1} f(Q_{12}) + \dfrac{x - x_1}{x_2 - x_1} f(Q_{22}) \end{array} \right\} \qquad (7\text{-}1)$$

$$f(x, y) \approx \frac{y_2 - y}{y_2 - y_1} f(x, y_1) + \frac{y - y_1}{y_2 - y_1} f(x, y_2) =$$

$$\frac{1}{(x_2 - x_1)(y_2 - y_1)} \begin{bmatrix} x_2 - x & x - x_1 \end{bmatrix} \begin{bmatrix} f(Q_{11}) & f(Q_{12}) \\ f(Q_{21}) & f(Q_{22}) \end{bmatrix} \begin{bmatrix} y_2 & -y \\ y & -y_1 \end{bmatrix} \qquad (7\text{-}2)$$

为弥补低分辨率数据的不足,本书以 ERA5 为参考数据,采用 Delta 法对模式历史及未来数据进行偏差修正。Delta 降尺度是一种基于基准期实测气候要素序列和区域未来气候模式的气候特征值(如温度的绝对增幅、降水的相对变化率等),两者叠加以获取未来气候情景的方法。其优点是相对简单、计算量小,可以将全球模式的结果降尺度到具体观测台站。对于降水,Delta 法是比较每个模拟网格不同时期的降水与基准期模拟平均降水,计算出每个模拟网格各时期降水的绝对变化率,再将每个基准期实测平均降水与所在网格的变化率相乘,即可得到重建网格上的不同时期降水情景。计算公式如下:

$$CFs = \overline{GCMf}/\overline{GCMh} \tag{7-3}$$

根据乘法 Delta 方法,将 CFs 因子叠加在降水观测资料上:

$$GCMf_i = CFs \times OBS_i \tag{7-4}$$

式中:GCMh 和 GCMf 分别为某一时间尺度下 GCM 基准期和预估期的气象变量值;$\overline{GCMh}$ 和 $\overline{GCMf}$ 分别为在指定的时间尺度下 GCM 基准期和预估期气象变量的平均值;$GCMf_i$ 为通过乘法得到的区域尺度气候变量的预估值;OBS_i 为气象变量在指定时间尺度下的观测值;i 为观测值个数。除此之外,Delta 空间降尺度法的使用需要低空间分辨率的日降水数据和高空间分辨率的参考日降水数据作为输入数据,其中,高空间分辨率的参考气候数据必须能够精确地表示小尺度空间上各个气候要素的分布格局。

7.1.2.2　气候模式评估

本书以历史时期为验证期,根据泰勒图、IVS 和 MR 对历史时期观测与降尺度模拟的极端降水指数进行误差检验,优选出适用于黄河流域极端降水指数分析的气候模式。

1. 基于泰勒图的评价方法 S

泰勒图可以综合反映实测序列与模型之间的相关系数、标准差和均方根,并基于极坐标方式绘制成散点图,直观地判断出气候模式的模拟效果。进一步引入指标 S 量化泰勒图的评价结果:

$$S = \frac{4(1+R)^4}{(\sigma_f + 1/\sigma_f)^2 (1+R_0)^4} \tag{7-5}$$

式中:R 为气候模式与实测数据的相关系数;R_0 为所有模式中所能达到的相关系数的最大值;σ_f 为气候模式、实测数据标准差间的比值。S 越接近 1,表明气候模式模拟值与实测值越接近,模拟能力越好。

2. 时间变率技巧评分 IVS

IVS 可以定量评价各个气候模式对年际变率的模拟能力,其主要通过模拟场与观测场时间序列的标准差的比值来衡量:

$$IVS = \left(\frac{STD_m}{STD_o} - \frac{STD_o}{STD_m}\right)^2 \tag{7-6}$$

式中:STD_m 和 STD_o 分别为模拟场与观测场时间序列的标准差。IVS 越小,模型模拟能力越优。

3. 综合评级指数 MR

基于泰勒图和 IVS 值所反映的各个气候模式的空间与时间模拟能力,使用综合排名指数 MR 计算各个气候模式对于 12 个极端降水指数整体的模拟性能。

$$MR = 1 - \frac{1}{nm}\sum_{i=1}^{n} rank_i \tag{7-7}$$

式中:m 为气候模式的总个数;n 为极端降水指数的数量;$rank_i$ 为第 i 个指数的模型排名。

7.2 气候模式评估及优选

本书以 1980—2014 年为历史时期,利用 ERA5 再分析数据结合 Delta 降尺度法对 6 个 CMIP6 模式历史数据进行偏差修正,以流域内 94 个实测站点 1980—2014 年日降水数据提取的 12 个极端降水指数为自变量,偏差修正后的 6 个 CMIP6 模式数据提取的对应点的 12 个极端降水指数为因变量,通过泰勒图,基于泰勒图的评价方法 S、IVS 和 MR 评估 6 个气候模式对黄河流域 12 个极端降水指数的空间格局与时间变化的再现能力。

历史时期(1980—2014 年)黄河流域 12 个极端降水的泰勒图(见图 7-1)显示,6 个模式对于指数的空间格局的模拟能力普遍不高,空间相关系数整体分布于 0.3~0.7;标准差较观测值大,整体分布于 0.5~1.5;中心均方根误差也大,整体分布于 0.5~1。模式在不同指数上显现出不同的模拟效果,其中,所有模式对于 SDII、SDII(90)、SDII(95) 和 RX5Day 的模拟能力都较强,对于 PRCPTOT、R90P、R95P 和 CWD 的模拟能力较弱。基于泰勒图的评价方法 S 计算的模拟能力排名与泰勒图的结果基本吻合(见图 7-2)。从指数上看,模型整体上对于 CWD 和 CDD 的模拟效果最差,对于 CWD,6 个模式的 S 值均小于 0.3,其中 IPSL-CM6A-LR 模拟效果最差,MPI-ESM1-2-HR 模拟效果最优;模型整体上对于 R20MM 指数的模拟效果最优,6 个模式的 S 值均大于 0.4,其中 MRI-ESM2-0 的模拟效果最差(0.41),EC-Earth3-Veg 的模拟性能最优(0.58)。从模式上看,ECEarth3-Veg

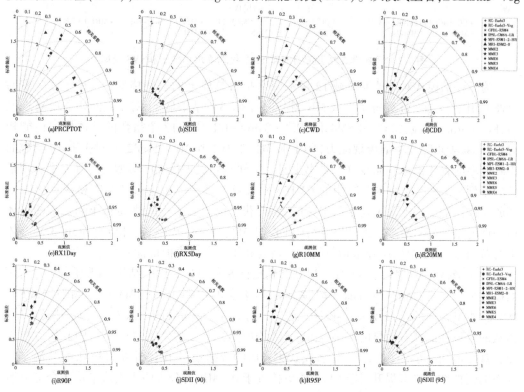

图 7-1 气候模式对于黄河流域 12 个极端降水指数泰勒图

整体上对 12 个指数的模拟最优,除 CDD 外,对于指数的 S 值均大于 0.4;MRI-ESM2-0 整体上对 12 个指数的模拟最差,对于指数的 S 值多小于 0.3。

IVS 得分(见图 7-2)显示,6 个模式对于黄河流域极端降水指数的年际变率的模拟能力整体一般。从指数上看,模式对于 PRCPTOT、R90P、R95P 和 R20MM 的年际变率模拟都较好,其中,对于 R95P 的模拟最优,6 个模式的 IVS 值均小于 0.4,其中 EC-Earth3-Veg 模拟最优(0.000 3),MRI-ESM2-0 模拟效果最差(0.38);模式对于 CWD 的年际变率的模拟效果最差,6 个模式的 IVS 值均大于 4,其中 IPSL-CM6A-LR 模拟效果最差,MPI-ESM1-2-HR 模拟效果最优。从模型上看,GFDL-ESM4 整体上对 12 个指数的模拟最优,MPI-ESM1-2-HR 整体上对 12 个指数的模拟最差。

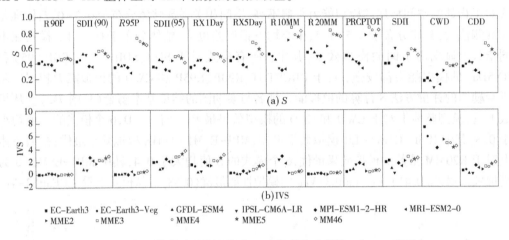

图 7-2　气候模式对于黄河流域 12 个极端降水指数 S 和 IVS 模拟

为了评估模式对于黄河流域 12 极端降水指数整体上的空间格局(S)和年际变率的(IVS)的模拟性能,计算每个模式 MR 得分(见图 7-3),结果显示,对于空间格局的再现能力,EC-Earth3-Veg、GFDL-ESM4 和 IPSL-CM6A-LR 对于 12 个指数的整体模拟性能相对较好;对于年际变率的再现能力,MPI-ESM1-2-HR 和 MRI-ESM2-0 对于 12 个指数的年际变率的整体模拟性能较好。本书中对于空间格局表现最佳的模型与年际变率表现最佳的模型不一致,表明本书所用的 CMIP6 模式对于极端降水指数的空间格局和年际变率的模拟性能不一致。平均 S 和 IVS 的得分,获得模式对于空间格局和年际变率的整体模型性能排名(见图 7-3),结果显示,GFDL-ESM4、EC-Earth3-Veg 和 EC-Earth3 是整体上对黄河流域 12 个极端降水指数的空间格局和年际变率模拟最优的 3 个模式。

为了降低气候模式的不确定,根据泰勒指标 S 和 IVS 的诊断结果,以 MME2 为前两名模式平均集合,MME3 为前 3 名模式平均集合的规律,比较 MME2、MME3、MME4、MME5 和 MME6 的模拟效果,泰勒图(见图 7-1)显示,平均后的模式对于 12 个极端降水指数的模拟性能都有明显的提高,相关系数均能达到 0.6 以上,且标准差、中心均方根误差较观测值均减小;图 7-2 显示,多模式集合后的数据集对于 12 个极端降水指数的年际变率的模拟性能略有提升,使得 IVS 值更接近于 0。MR 得分表明多模式平均集合能显著改善模式对 12 个极端降水指数整体的空间格局和年际变率的再现能力。平均每个模式和多模式集合数据集的 MR 得分,获得最终模式对于流域内极端降水指数的整体模拟性能排名(见图 7-3),结果显示,多模式平均集合中前 4 个模式平均集合 MME4 对于 12 个指数的模拟最优。

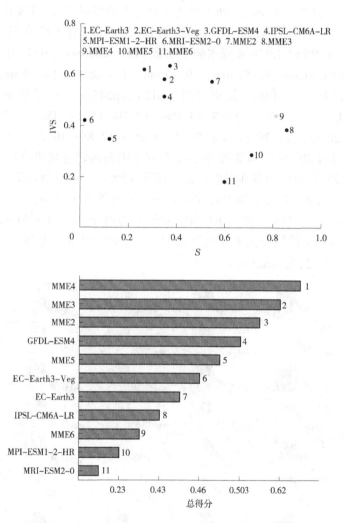

图 7-3　气候模式对于黄河流域 12 个极端降水指数的 MR 得分及最终排名

7.3　历史及未来各情景下极端降水指数时空变化趋势

基于 MME 集合后的数据集,提取历史时期(1980—2014 年)和未来(2022—2100 年)ssp126、ssp245 和 ssp585 情景下黄河流域 12 个极端降水指数,并分析其时空变化特征。

7.3.1　历史及未来各情景下极端降水指数空间格局

根据历史及未来各情景下黄河流域极端降水指数多年均值的空间分布(见图 7-4)可知,历史与未来时期的空间分布格局差异在 12 个指数上都不明显,除 CDD、CWD 外,整体上呈现从东南向西北递减的趋势,空间差异明显。对于降雨持续性指数 CWD、CDD,历史时期流域内多年均值为 21.93 d、43.44 d,相较于历史时期,ssp126、ssp245、ssp585 情景下 CWD 多年平均值变化率分别为 -12.1%、-11.5%、-16.2%,CDD 多年平均值变化率分别为 4.8%、-1.8%、-3.3%,空间上呈现南多北少的格局,降雨持续日数高值区出现在兰州以上段,干旱持续日数高值出现在兰州至河口段;对于降水量指数 RX1Day、RX5Day、PRCPTOT、R90P、R95P 和降水频率指数 SDII、SDII(90)、SDII(95),历史时期流域内多年均值为 18.91 mm、41.52 mm、529.99 mm、157.08 mm、94.94 mm、3.86 mm/d、11.63 mm/d、13.93 mm/d,相较于历史时期,ssp126、ssp245、ssp585 情景下变化率分别为 14.3%、13.6%、15.4%;12.3%、12.0%、13.8%;19.7%、15.2%、18.2%;23.6%、19.3%、23.0%;23.7%、20.0%、23.7%;8.7%、7.5%、8.5%;10.8%、10.6%、11.7%;11.4%、11.1%、12.5%,具有相似的空间格局,整体上呈现东南向西北递减的趋势,高值区出现在三门峡至花园口段,低值区出现在河源至头道拐段,最大值与最小值之间差异明显。对于降水日数指数 R10MM、R20MM,历史时期流域内多年均值为 7.86 d、0.87 d,相较于历史时期,ssp126、ssp245、ssp585 情景下 R10MM 多年平均值变化率分别为 45.0%、36.4%、43.6%,R20MM 多年平均值变化率分别为 69.3%、62.8%、69.6%,整体而言,高值区在流域东南部,西南部次之,北部最小。

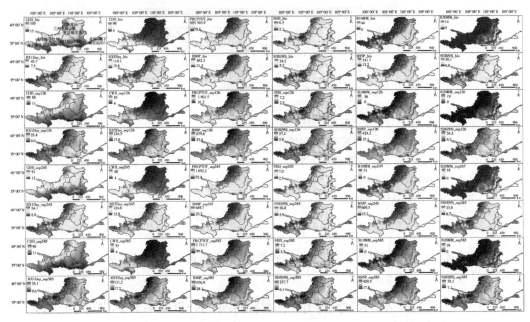

图 7-4　历史及未来各情景黄河流域 12 个极端降水指数多年平均值空间格局

7.3.2　历史及未来各情景下极端降水指数年际变化

图 7-5 显示了历史及未来各情景下黄河流域极端降水指数年际变化,从指数定义上分析,对于描述降水连续日数的指数(R10MM、R20MM、CDD、CWD),CDD 变率最大,其历史及未来各时期多年均值分别为 21.9 d、23.0 d、21.5 d、21.2 d;标准差分别为 3.0、3.2、2.8、2.4;

上下波动幅度较大,平均 10 a 增长天数分别为 0.29 d、-0.11 d、-0.66 d 和-0.98 d;对于描述降水量的指数(RX1Day、RX5Day、PRCPTOT、R90P、R95P、PRCPTOT),PRCPTOT 的增长较为明显,其历史及未来各时期多年均值分别为 530.0 mm、634.2 mm、610.7 mm、626.3 mm;标准差分别为 33.7、44.2、50.6、49.3;平均 10 a 降水量增长 2.6 mm、8.6 mm、13.8 mm、14.3 mm;对于描述降水强度的指数[SDII、SDII(90)、SDII(95)],其变化趋势的规律为 SDII<SDII(90)<SDII(95),即 95%分位值下极端降水强度的年际变率最大,其历史及未来各时期多年均值分别为 13.9 mm/d、15.5 mm/d、15.5 mm/d、15.7 mm/d;标准差分别为 0.6、0.4、0.5、0.6;平均 10 a 降水强度增长 0.27 mm/d、0.01 mm/d、0.02 mm/d、0.08 mm/d。整体上看,各极端降水指数由历史到未来均呈现不显著的波动性上升趋势($P<0.05$),表明气候变化影响下,未来黄河流域将变得更湿润,其降水日数、降水量、降水强度均变大,且其变化率随着辐射强度的增大而增大,即 ssp585 情景下增长最明显。

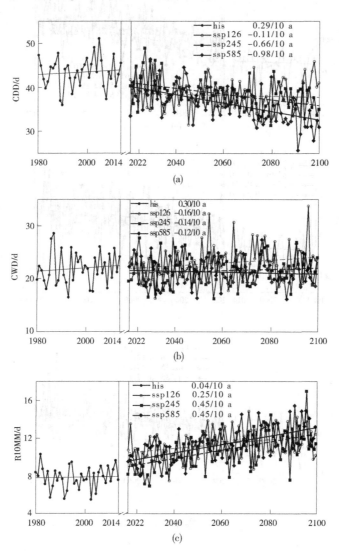

图 7-5　历史及未来各情景黄河流域 12 个指数年际变化

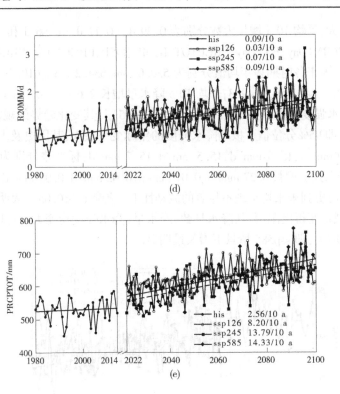

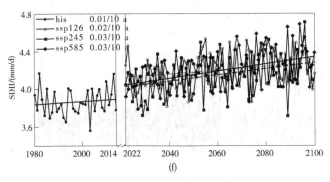

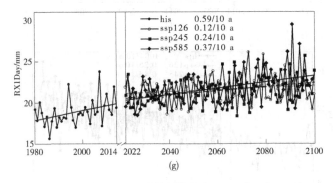

续图 7-5

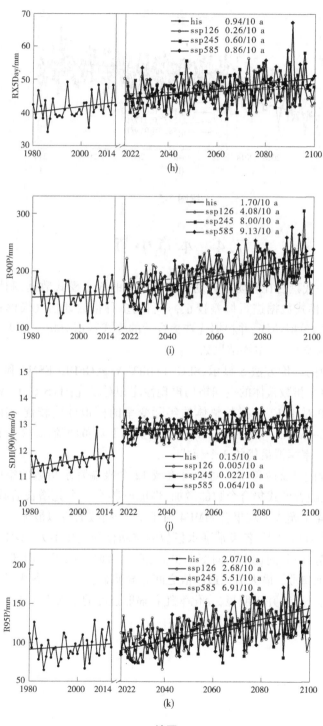

续图 7-5

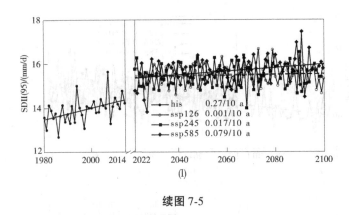

续图 7-5

7.4　本章小节

本书基于最新一代耦合比较阶段计划(CMIP6)中的 6 个模式数据,利用双线性插值结合 Delta 降尺度对模式数据进行偏差校正,并利用多种指数评估气候模式对于流域内 12 个极端降水指数的模拟性能,并根据优选集合后的模式数据分析了历史及未来各情景下极端降水指数的时空特征,主要结果如下:

(1)基于泰勒图的评价方法 S 显示,SEC-Earth3-Veg、GFDL-ESM4 和 IPSL-CM6A-LR 对于 12 个极端降水指数整体的空间格局再现性能相对较优;IVS 显示,MPI-ESM1-2-HR 和 MRI-ESM2-0 对于 12 个指数整体的年际变率的模拟性能较优,MR 综合得分显示,GFDL-ESM4、EC-Earth3-Veg 和 EC-Earth3 是整体上对黄河流域 12 个极端降水指数的空间格局和年际变率模拟最优的 3 个模式。

(2)多模式集合能显著改善模式对黄河流域 12 个极端降水指数的空间格局和年际变率上再现性能,且随着模式集合个数的增加,性能改善有一个先增长后减小的趋势,多模式平均集合中前 4 个模式平均集合 MME4 对于 12 个指数的模拟最优。

(3)历史及未来各情景下,各极端降水指数的空间格局变化不大,整体上呈现出由东南向西北递减的趋势,南北向比东西向变率更大,降水高值区位于三门峡—花园口段,低值区出现在兰州—河口段,最大值与最小值之间差异明显;年际上,各极端降水指数呈现波动性上升趋势,上升趋势并不明显,变化率随着辐射强度的增大而增大。

参考文献

[1] Allan R P, Barlow M, Byrne M P, et al. Advances in understanding large-scale responses of the water cycle to climate change[J]. Annals of the New York Academy of Sciences, 2020, 1472(1):49-75.

[2] 郜国明, 田世民, 曹永涛, 等. 黄河流域生态保护问题与对策探讨[J]. 人民黄河, 2020, 42(9):112-116.

[3] 徐勇, 王传胜. 黄河流域生态保护和高质量发展:框架、路径与对策[J]. 中国科学院院刊, 2020, 35(7):875-883.

[4] 杨大文, 杨雨亭, 高光耀, 等. 黄河流域水循环规律与水土过程耦合效应[J]. 中国科学基金, 2021, 35(4):544-551.

[5] 习近平. 在黄河流域生态保护和高质量发展座谈会上的讲话[J]. 中国水利, 2019(20):1-3.

[6] Lv M, Ma Z, Li M, et al. Quantitative Analysis of Terrestrial Water Storage Changes Under the Grain for Green Program in the Yellow River Basin[J]. Journal of Geophysical Research: Atmospheres, 2019, 124(3): 1336-1351.

[7] 张金良. 黄河流域生态保护和高质量发展水战略思考[J]. 人民黄河, 2020, 42(4): 1-6.

[8] 刘丙霞, 任健, 邵明安, 等. 黄土高原北部人工灌草植被土壤干燥化过程研究[J]. 生态学报, 2020, 40(11): 3795-3803.

[9] Zhang S, Yang D, Yang Y, et al. Excessive Afforestation and Soil Drying on China's Loess Plateau[J]. Journal of Geophysical Research: Biogeosciences, 2018, 123(3): 923-935.

[10] Stocker T F, Qin D, Plattner G, et al. Climate Change 2013: The physical science basis contribution of working group I to the fifth assessment report of IPCC the intergovernmental panel on climate change[J]. 2014.

[11] Taylor K E, Stouffer R J, Meehl G A. An Overview of CMIP5 and the Experiment Design[J]. Bulletin of the American Meteorological Society, 2012, 93(4): 485-498.

[12] Jones C, Robertson E, Arora V, et al. Twenty-First-Century Compatible CO_2 Emissions and Airborne Fraction Simulated by CMIP5 Earth System Models under Four Representative Concentration Pathways [J]. Journal of Climate, 2013, 26(13): 4398-4413.

[13] Chen L, Frauenfeld O W. A comprehensive evaluation of precipitation simulations over China based on CMIP5 multimodel ensemble projections[J]. Journal of Geophysical Research: Atmospheres, 2014, 119(10): 5767-5786.

[14] Gong H, Wang L, Chen W, et al. The Climatology and Interannual Variability of the East Asian Winter Monsoon in CMIP5 Models[J]. Journal of Climate, 2014, 27(4): 1659-1678.

[15] 赵宗慈, 罗勇, 黄建斌. 回顾 IPCC 30 年(1988—2018 年)[J]. 气候变化研究进展, 2018, 14(5):540-546.

[16] Zhou T, Zou L, Chen X. Commentary on the Coupled Model Intercomparison Project Phase 6(CMIP6) [J]. Progressus Inquisitiones de Mutatione Climatis, 2019, 15(5): 445-456.

[17] Fu Y, Lin Z, Wang T. Simulated Relationship between Wintertime ENSO and East Asian Summer Rainfall: From CMIP3 to CMIP6[J]. Advances in Atmospheric Sciences, 2021, 38(2): 221-236.

[18] Zhu H, Jiang Z, Li L. Projection of climate extremes in China, an incremental exercise from CMIP5 to

CMIP6[J]. Science Bulletin, 2021, 66(24): 2528-2537.

[19] Xu J, Gao Y, Chen D, et al. Evaluation of global climate models for downscaling applications centred over the Tibetan Plateau[J]. International Journal of Climatology, 2017, 37(2): 657-671.

[20] Zhu Y, Yang S. Evaluation of CMIP6 for historical temperature and precipitation over the Tibetan Plateau and its comparison with CMIP5[J]. Advances in Climate Change Research, 2020, 11(3): 239-251.

[21] Khan F, Pilz J, Ali S. Evaluation of CMIP5 models and ensemble climate projections using a Bayesian approach: a case study of the Upper Indus Basin, Pakistan[J]. Environmental and Ecological Statistics, 2021, 28(2): 383-404.

[22] Gao L, Bernhardt M, Schulz K. Elevation correction of ERA-Interim temperature data in complex terrain [J]. Hydrology and Earth System Sciences, 2012, 16(12): 4661-4673.

[23] 高歌, 韩振宇, 殷水清, 等. 黄河流域 1961—2017 年降雨侵蚀力特征与未来变化预估[J]. 应用基础与工程科学学报, 2021, 29(3): 575-590.

[24] 王慧, 肖登攀, 赵彦茜, 等. 基于 CMIP6 气候模式的华北平原极端气温指数评估和预测[J]. 地理与地理信息科学, 2021, 37(5): 86-94.

[25] 徐忠峰, 韩瑛, 杨宗良. 区域气候动力降尺度方法研究综述[J]. 中国科学: 地球科学, 2019, 49(3): 487-498.

[26] Gebrechorkos S H, Hülsmann S, Bernhofer C. Statistically downscaled climate dataset for East Africa [J]. Scientific Data, 2019, 6(1).

[27] Navarro-Racines C, Tarapues J, Thornton P, et al. High-resolution and bias-corrected CMIP5 projections for climate change impact assessments[J]. Scientific Data, 2020, 7(1): 1-14.

[28] Hamlet A F, Byun K, Robeson S M, et al. Impacts of climate change on the state of Indiana: ensemble future projections based on statistical downscaling[J]. Climatic Change, 2020, 163(4): 1881-1895.

[29] Ehret U, Zehe E, Wulfmeyer V, et al. HESS Opinions "Should we apply bias correction to global and regional climate model data?"[J]. Hydrology and Earth System Sciences, 2012, 16(9): 3391-3404.

[30] Arkin P A, Smith T M, Sapiano M R P, et al. The observed sensitivity of the global hydrological cycle to changes in surface temperature[J]. Environmental Research Letters, 2010, 5(3): 35201.

[31] Arnell N W, Gosling S N. The impacts of climate change on river flow regimes at the global scale[J]. Journal of Hydrology, 2013, 486: 351-364.

[32] Gosling S N, Arnell N W. A global assessment of the impact of climate change on water scarcity[J]. Climatic Change, 2016, 134(3): 371-385.

[33] Kumar Mishra B, Herath S. Assessment of Future Floods in the Bagmati River Basin of Nepal Using Bias-Corrected Daily GCM Precipitation Data[J]. Journal of Hydrologic Engineering, 2015, 20(8): 5014027.

[34] 周文翀, 韩振宇. CMIP5 全球气候模式对中国黄河流域气候模拟能力的评估[J]. 气象与环境学报, 2018, 34(6): 42-55.

[35] 赵梦霞, 苏布达, 姜彤, 等. CMIP6 模式对黄河上游降水的模拟及预估[J]. 高原气象, 2021, 40(3): 547-558.

[36] 向竣文, 张利平, 邓瑶, 等. 基于 CMIP6 的中国主要地区极端气温/降水模拟能力评估及未来情景预估[J]. 武汉大学学报(工学版), 2021, 54(1): 46-57.

[37] 曹亚楠, 孙明翔, 陈梦冉, 等. 2000—2016 年藏北高原降水对植被覆盖的影响[J]. 草地学报, 2022: 1-14.

[38] 孙睿, 刘昌明, 朱启疆. 黄河流域植被覆盖度动态变化与降水的关系[J]. 地理学报, 2001, 56

(6)：667-672.

[39] 信忠保，许炯心，郑伟. 气候变化和人类活动对黄土高原植被覆盖变化的影响[J]. 中国科学（D辑：地球科学），2007(11)：1504-1514.

[40] 贺振，贺俊平. 基于SPOT-VGT的黄河流域植被覆盖时空演变[J]. 生态环境学报，2012，21(10)：1655-1659.

[41] 袁丽华，蒋卫国，申文明，等. 2000—2010年黄河流域植被覆盖的时空变化[J]. 生态学报，2013，33(24)：7798-7806.

[42] 张静，杜加强，盛芝露，等. 1982—2015年黄河流域植被NDVI时空变化及影响因素分析[J]. 生态环境学报，2021，30(5)：929-937.

[43] 陈晨，王义民，黎云云，等. 黄河流域1982—2015年不同气候区植被时空变化特征及其影响因素[J]. 长江科学院院报，2022，39(2)：56-62.

[44] 孙高鹏，刘宪锋，王小红，等. 2001—2020年黄河流域植被覆盖变化及其影响因素[J]. 中国沙漠，2021，41(4)：205-212.

[45] 付含培，王让虎，王晓军. 1999—2018年黄河流域NDVI时空变化及驱动力分析[J]. 水土保持研究，2022，29(2)：145-153.

[46] 信忠保，许炯心. 黄土高原地区植被覆盖时空演变对气候的响应[J]. 自然科学进展，2007(6)：770-778.

[47] 郭帅，裴艳茜，胡胜，等. 黄河流域植被指数对气候变化的响应及其与水沙变化的关系[J]. 水土保持通报，2020，40(3)：1-7.

[48] 刘绿柳，肖风劲. 黄河流域植被NDVI与温度、降水关系的时空变化[J]. 生态学杂志，2006(5)：477-481.

[49] 张乐艺，李霞，冯京辉，等. 2000—2018年黄河流域NDVI时空变化及其对气候和人类活动的双重响应[J]. 水土保持通报，2021，41(5)：276-286.

[50] 李晴晴，曹艳萍，苗书玲. 黄河流域植被时空变化及其对气候要素的响应研究[J]. 生态学报，2022(10)：1-14.

[51] 解晗，同小娟，李俊，等. 2000—2018年黄河流域生长季NDVI、EVI变化及其对气候因子的响应[J]. 生态学报，2022(11)：1-14.

[52] 刘海，刘凤，郑粮. 气候变化及人类活动对黄河流域植被覆盖变化的影响[J]. 水土保持学报，2021，35(4)：143-151.

[53] Zhang W, Wang L, Xiang F, et al. Vegetation dynamics and the relations with climate change at multiple time scales in the Yangtze River and Yellow River Basin, China[J]. Ecological Indicators, 2020, 110(C).

[54] 支童，张洪波，辛琛，等. 秃尾河流域植被覆盖变化及其对径流的影响[J]. 水利水电技术（中英文），2021，52(2)：40-52.

[55] 李栋梁，张佳丽，全建瑞，等. 黄河上游径流量演变特征及成因研究[J]. 水科学进展，1998(1)：23-29.

[56] 张国胜，李林，时兴合，等. 黄河上游地区气候变化及其对黄河水资源的影响[J]. 水科学进展，2000，(3)：277-283.

[57] 刘昌明，张学成. 黄河干流实际来水量不断减少的成因分析[J]. 地理学报，2004(3)：323-330.

[58] 饶素秋，霍世青，薛建国，等. 黄河上中游水沙变化特点分析及未来趋势展望[J]. 泥沙研究，2001(2)：74-77.

[59] 王国庆，王云璋，康玲玲. 黄河上中游径流对气候变化的敏感性分析[J]. 应用气象学报，2002

（1）：117-121.

[60] 张建云，王国庆，贺瑞敏，等. 黄河中游水文变化趋势及其对气候变化的响应[J]. 水科学进展，2009, 20(2)：153-158.

[61] 张国宏，王晓丽，郭慕萍，等. 近 60 年黄河流域地表径流变化特征及其与气候变化的关系[J]. 干旱区资源与环境，2013, 27(7)：91-95.

[62] 王雁，丁永建，叶柏生，等. 黄河与长江流域水资源变化原因[J]. 中国科学：地球科学，2013, 43(7)：1207-1219.

[63] 杨大文，张树磊，徐翔宇. 基于水热耦合平衡方程的黄河流域径流变化归因分析[J]. 中国科学：技术科学，2015, 45(10)：1024-1034.

[64] 张越，付永锋，侯保俭. 黄河源区径流量演变成因分析[J]. 人民黄河，2013, 35(8)：22-24.

[65] 潘彬，韩美，倪娟. 黄河下游近 50 年径流量变化特征及影响因素[J]. 水土保持研究，2017, 24(1)：122-127.

[66] 周祖昊，刘佳嘉，严子奇，等. 黄河流域天然河川径流量演变归因分析[J]. 水科学进展，2022, 33(1)：27-37.

[67] 王卫光，陆文君，邢万秋，等. 黄河流域 Budyko 方程参数 n 演变规律及其归因研究[J]. 水资源保护，2018, 34(2)：7-13.

[68] 熊立华，邝韵琪，于坤霞，等. 年径流频率分析的一次二阶矩法及其应用[J]. 水科学进展，2017, 28(3)：390-397.

[69] 熊立华，闫磊，李凌琪，等. 变化环境对城市暴雨及排水系统影响研究进展[J]. 水科学进展，2017, 28(6)：930-942.

[70] 刘振兴. 论陆面蒸发量的计算[J]. 气象学报，1956, 27(4)：E23.

[71] 崔启武，孙延俊. 论水热平衡联系方程[J]. 地理学报，1979(2)：169-178.

[72] 傅抱璞. 论陆面蒸发的计算[J]. 大气科学，1981(1)：23-31.

[73] 赵人俊. 新安江流域模型[M]. 北京：中国水利电力出版社，1984.

[74] 孙福宝. 基于 Budyko 水热耦合平衡假设的流域蒸散发研究[D]. 北京：清华大学，2007.

[75] Yang D, Shao W, Yeh P J F, et al. Impact of vegetation coverage on regional water balance in the non-humid regions of China[J]. Water Resources Research, 2009, 45(7).

[76] Yang D, Sun F, Liu Z, et al. Interpreting the complementary relationship in non-humid environments based on the Budyko and Penman hypotheses[J]. Geophysical Research Letters, 2006, 33(18).

[77] Yang H, Yang D, Lei Z, et al. New analytical derivation of the mean annual water-energy balance equation[J]. Water Resources Research, 2008, 44(3)：W3410.

[78] Xu X, Liu W, Scanlon B R, et al. Local and global factors controlling water-energy balances within the Budyko framework[J]. Geophysical Research Letters, 2013, 40(23)：6123-6129.

[79] Liu M, Xu X, Xu C, et al. A new drought index that considers the joint effects of climate and land surface change[J]. Water Resources Research, 2017, 53(4)：3262-3278.

[80] 李育鸿，李计生，孙超，等. 甘肃河西石羊河流域出山径流分析及来水预测[J]. 冰川冻土，2017, 39(3)：651-659.

[81] 周小珍，潘兴瑶，朱永华，等. 潮白河流域 1980—2013 年平均水平衡特征研究[J]. 自然资源学报，2016, 31(4)：649-657.

[82] 郭生练，郭家力，侯雨坤，等. 基于 Budyko 假设预测长江流域未来径流量变化[J]. 水科学进展，2015, 26(2)：151-160.

[83] 孙福宝，杨大文，刘志雨，等. 基于 Budyko 假设的黄河流域水热耦合平衡规律研究[J]. 水利学

报, 2007(4)：409-416.

[84] 姚允龙, 吕宪国, 王蕾,等. 气候变化对挠力河径流量影响的定量分析[J]. 水科学进展, 2010, 21 (6)：765-770.

[85] 张丽梅, 赵广举, 穆兴民,等. 基于 Budyko 假设的渭河径流变化归因识别[J]. 生态学报, 2018, 38(21)：7607-7617.

[86] 李斌, 李丽娟, 覃驭楚,等. 基于 Budyko 假设评估洮儿河流域中上游气候变化的径流影响[J]. 资源科学, 2011, 33(1)：70-76.

[87] 张成凤, 刘翠善, 王国庆,等. 基于 Budyko 假设的黄河源区径流变化归因识别[J]. 中国农村水利水电, 2020, (9)：90-94.

[88] 张建云, 张成凤, 鲍振鑫,等. 黄淮海流域植被覆盖变化对径流的影响[J]. 水科学进展, 2021, 32 (6)：813-823.

[89] Peng S, Ding Y, Wen Z, et al. Spatiotemporal change and trend analysis of potential evapotranspiration over the Loess Plateau of China during 2011—2100[J]. Agricultural and Forest Meteorology, 2017, 233：183-194.

[90] 翁宇威, 蔡闻佳, 王灿. 共享社会经济路径(SSPs)的应用与展望[J]. 气候变化研究进展, 2020, 16(2)：215-222.

[91] Fick S E, Hijmans R J. World Clim 2：new 1-km spatial resolution climate surfaces for global land areas [J]. International Journal of Climatology, 2017, 37(12)：4302-4315.

[92] Rodda G H, Jarnevich C S, Reed R N. Challenges in Identifying Sites Climatically Matched to the Native Ranges of Animal Invaders[J]. PLoS ONE, 2011, 6(2)：e14670.

[93] Boria R A, Olson L E, Goodman S M, et al. Spatial filtering to reduce sampling bias can improve the performance of ecological niche models[J]. Ecological Modelling, 2014, 275：73-77.

[94] Wang L, Chen W. A CMIP5 multimodel projection of future temperature, precipitation, and climatological drought in China[J]. International Journal of Climatology, 2014, 34(6).

[95] 向竣文, 张利平, 邓瑶,等. 基于 CMIP6 的中国主要地区极端气温/降水模拟能力评估及未来情景预估[J]. 武汉大学学报(工学版), 2021, 54(1)：46-57.

[96] 储少林, 周兆叶, 袁雷,等. 降水空间插值方法应用研究——以甘肃省为例[J]. 草业科学, 2008, (6)：19-23.

[97] Yang L, Chen L, Wei W, et al. Comparison of deep soil moisture in two revegetation watersheds in semi-arid regions[J]. Journal of Hydrology, 2014, 513：314-321.

[98] Zhu H Y, Liu S L, Jia S F. Problems of the spatial interpolation of physical geographical elements[J]. Geographical Research, 2004, 23(4)：425-432.

[99] 谭衢霖, 徐潇, 王浩宇,等. 不同地貌类型区 DEM 空间内插算法精度评价[J]. 应用基础与工程科学学报, 2014, 22(1)：139-149.

[100] 徐振亚, 任福民, 杨修群,等. 日最高温度统计降尺度方法的比较研究[J]. 气象科学, 2012, 32 (4)：395-402.

[101] 任婧宇, 彭守璋, 曹扬,等. 1901—2014 年黄土高原区域气候变化时空分布特征[J]. 自然资源学报, 2018, 33(4)：621-633.

[102] 张小文, 晏玲, 张世强. 长江源区未来气候变化情景降尺度[J]. 兰州大学学报(自然科学版), 2012, 48(2)：29-35.

[103] 陈杰, 许崇育, 郭生练,等. 统计降尺度方法的研究进展与挑战[J]. 水资源研究, 2016, 5(4)：299-313.

[104] Peng S, Gang C, Cao Y, et al. Assessment of climate change trends over the Loess Plateau in China from 1901 to 2100[J]. International Journal of Climatology, 2018, 38(5): 2250-2264.

[105] 马娜, 胡云锋, 庄大方, 等. 基于遥感和像元二分模型的内蒙古正蓝旗植被覆盖度格局和动态变化[J]. 地理科学, 2012, 32(2): 251-256.

[106] 张邦林, 丑纪范. 经验正交函数在气候数值模拟中的应用[J]. 中国科学(B 辑 化学·生命科学·地学), 1991(4): 442-448.

[107] 龚道溢, 史培军, 何学兆. 北半球春季植被 NDVI 对温度变化响应的区域差异[J]. 地理学报, 2002(5): 505-514.

[108] 赵勇, 何国华, 李海红, 等. 基于 Choudhury-Yang 公式的泾河流域蒸散发归因分析[J]. 南水北调与水利科技, 2019, 17(1): 8-14.

[109] Woldemeskel F M, Sharma A, Sivakumar B, et al. A framework to quantify GCM uncertainties for use in impact assessment studies[J]. Journal of Hydrology, 2014, 519: 1453-1465.

[110] Wang L, Zhang J, Shu Z, et al. Evaluation of the Ability of CMIP6 Global Climate Models to Simulate Precipitation in the Yellow River Basin, China[J]. Frontiers in Earth Science, 2021(9).

[111] Wang G, Qiao C, Liu M, et al. The future water resources regime of the Yellow River basin in the context of climate change[J]. Hydro-Science and Engineering, 2020(2): 1-8.

[112] 王有恒, 谭丹, 韩兰英, 等. 黄河流域气候变化研究综述[J]. 中国沙漠, 2021, 41(4): 235-246.

[113] 王胜杰, 赵国强, 王旻燕, 等. 1961—2020 年黄河流域气候变化特征研究[J]. 气象与环境科学, 2021, 44(6): 1-8.

[114] 童瑞, 杨肖丽, 任立良, 等. 黄河流域 1961—2012 年蒸散发时空变化特征及影响因素分析[J]. 水资源保护, 2015, 31(3): 16-21.

[115] 黄建平, 张国龙, 于海鹏, 等. 黄河流域近 40 年气候变化的时空特征[J]. 水利学报, 2020, 51(9): 1048-1058.

[116] 卓莹莹, 赵慧霞, 魏敏, 等. 近 59 年黄河流域蒸发量变化规律及影响因素[J]. 人民黄河, 2021, 43(7): 28-34.

[117] 黄建平, 张国龙, 于海鹏, 等. 黄河流域近 40 年气候变化的时空特征[J]. 水利学报, 2020, 51(9): 1048-1058.

[118] 徐宗学, 隋彩虹. 黄河流域平均气温变化趋势分析[J]. 气象, 2005, (11): 8-11.

[119] 王国庆, 乔翠平, 刘铭璐, 等. 气候变化下黄河流域未来水资源趋势分析[J]. 水利水运工程学报, 2020, (2): 1-8.

[120] 歧雅菲. 水资源约束下黄河流域粮食产量变化及安全评价[D]. 西安: 西安理工大学, 2021.

[121] 陈磊. 黄河流域水资源对气候变化的响应研究[D]. 西安: 西安理工大学, 2017.

[122] 陈钟望. 气候变化下我国径流的时空演变[D]. 北京: 清华大学, 2017.

[123] 李云凤. 黄河源区潜在蒸散发特征及其变化趋势[D]. 西安: 长安大学, 2021.

[124] 张佰发, 苗长虹. 黄河流域土地利用时空格局演变及驱动力[J]. 资源科学, 2020, 42(3): 460-473.

[125] 张静, 杜加强, 盛芝露, 等. 1982—2015 年黄河流域植被 NDVI 时空变化及影响因素分析[J]. 生态环境学报, 2021, 30(5): 929-937.

[126] 马守存, 保广裕, 郭广, 等. 1982—2013 年黄河源区植被变化趋势及其对气候变化的响应[J]. 干旱气象, 2018, 36(2): 226-233.

[127] 薛海源. 内蒙古植被对当代和未来气候变化的响应[D]. 南京: 南京信息工程大学, 2015.

[128] 黄文君. 中国西北干旱区干旱时空演变及预估[D]. 乌鲁木齐: 新疆大学, 2021.

[129] Gao J, Jiao K, Wu S, et al. Past and future effects of climate change on spatially heterogeneous vegetation activity in China[J]. Earth's Future, 2017, 5(7): 679-692.

[130] Phillips S J, Anderson R P, Schapire R E. Maximum entropy modeling of species geographic distributions[J]. Ecological Modelling, 2006, 190(3-4): 231-259.

[131] 张志强, 刘欢, 左其亭, 等. 2000—2019 年黄河流域植被覆盖度时空变化[J]. 资源科学, 2021, 43(4): 849-858.

[132] 李晴晴, 曹艳萍, 苗书玲. 黄河流域植被时空变化及其对气候要素的响应研究[J]. 生态学报, 2022(10): 1-14.

[133] 管晓祥, 刘翠善, 鲍振鑫, 等. 黄河源区植被 NDVI 演变及其与降水、气温的关系[J]. 水土保持研究, 2021, 28(5): 268-277.

[134] 鲍振鑫, 严小林, 王国庆, 等. 1956—2016 年黄河流域河川径流演变规律[J]. 水资源与水工程学报, 2019, 30(5): 52-57.

[135] 陈钟望. 气候变化下我国径流的时空演变[D]. 北京: 清华大学, 2017.

[136] 康丽莉, Ruby LEUNG L, 柳春, 等. 黄河流域未来气候-水文变化的模拟研究[J]. 气象学报, 2015, 73(2): 382-393.

[137] 刘锋, 陈沈良, 董平, 等. 60 年来黄河流域径流量时空变化(英文)[J]. Journal of Geographical Sciences, 2012, 22(6): 1013-1033.

[138] 杨林, 赵广举, 穆兴民, 等. 基于 Budyko 假设的洮河与大夏河径流变化归因识别[J]. 生态学报, 2021, 41(21): 8421-8429.

[139] 薛帆, 张晓萍, 张橹, 等. 基于 Budyko 假设和分形理论的水沙变化归因识别——以北洛河流域为例[J]. 地理学报, 2022, 77(1): 79-92.

[140] 蔺彬彬, 张亚琼, 郭维维. 基于 Budyko 假设的汾河上游水源区径流衰减归因分析[J]. 中国农村水利水电, 2021(6): 86-90.

[141] 李晶晶, 苏鹏飞, 张建国. 黄河流域生态保护和高质量发展规划区水土流失特征与防治对策[J]. 水土保持通报, 2021, 41(5): 238-243.

[142] 贺瑞敏, 王国庆, 张建云. 环境变化对黄河中游伊洛河流域径流量的影响[J]. 水土保持研究, 2007(2): 297-298.

[143] 张鹏飞. 伊洛河流域径流变化归因分析与水土保持 BMPs 研究[D]. 天津: 天津大学, 2019.

[144] 倪用鑫, 余钟波, 吕锡芝, 等. 近 50 年伊洛河流域径流演变归因分析[J]. 水利水运工程学报, 2022, (1): 59-66.

[145] 侯钦磊, 白红英, 任园园, 等. 50 年来渭河干流径流变化及其驱动力分析[J]. 资源科学, 2011, 33(8): 1505-1512.

[146] 陈丽丽. 环境变化对佳芦河流域多尺度径流变化的影响研究[D]. 西安: 西安理工大学, 2021.